高等院校课程设计案例精编

中文版AutoCAD 2020 建筑设计经典课堂

李　敬　主编

清华大学出版社
北京

内 容 提 要

本书以AutoCAD软件为载体,以知识应用为中心,对建筑制图知识进行了全面阐述。书中每个案例都给出了详细的操作步骤,同时还对操作过程中的设计技巧进行了描述。

全书共12章,遵循由浅入深、循序渐进的思路,依次对建筑设计基础知识、辅助绘图功能、图层的管理、二维图形的绘制与编辑、图块功能的应用、尺寸标注、文本与表格的应用、图纸的输出与打印等知识进行了详细讲解。最后通过综合案例的形式对建筑平面图、立面图、剖面图以及详图的绘制方法进行了介绍,以实现举一反三、学以致用的目的。

本书结构合理、思路清晰、内容丰富、语言简炼,解说详略得当,既有鲜明的基础性,又有很强的实用性。

本书既可作为高等院校相关专业的教学用书,又可作为建筑设计爱好者的学习用书。同时也可作为社会各类AutoCAD软件培训班的首选教材。

图书在版编目(CIP)数据

中文版AutoCAD 2020建筑设计经典课堂 / 李敬主编. —北京:清华大学出版社,2021.10
高等院校课程设计案例精编
ISBN 978-7-302-58888-7

Ⅰ. ①中… Ⅱ. ①李… Ⅲ. ①建筑设计—计算机辅助设计—AutoCAD软件—高等学校—教学参考资料 Ⅳ. ①TU201.4

中国版本图书馆CIP数据核字(2021)第159609号

责任编辑:李玉茹
封面设计:杨玉兰
责任校对:翟维维
责任印制:沈 露
出版发行:清华大学出版社
    网 址:http://www.tup.com.cn,http://www.wqbook.com
    地 址:北京清华大学学研大厦A座   邮 编:100084
    社 总 机:010-62770175   邮 购:010-62786544
    投稿与读者服务:010-62776969,c-service@tup.tsinghua.edu.cn
    质量反馈:010-62772015,zhiliang@tup.tsinghua.edu.cn
印 装 者:三河市君旺印务有限公司
经 销:全国新华书店
开 本:185mm×260mm 印 张:16.75 字 数:408千字
版 次:2021年10月第1版 印 次:2021年10月第1次印刷
定 价:79.00元

产品编号:093410-01

C_{AD} 序

数字艺术设计是指通过数字化手段和数字工具实现创意和艺术创作的全新职业技能，全面应用于文化创意、新闻出版、艺术设计等相关领域，并覆盖移动互联网应用、传媒娱乐、制造业、建筑业、电子商务等行业。

ACAA 为 Alliance of China Digital Arts Academy 的缩写，意为联合数字创意和设计相关领域的国际厂商、龙头企业、专业机构和院校，为数字创意领域人才培养提供最前沿的国际技术资源和支持。

ACAA 二十年来始终致力于数字创意领域，在国内率先创建数字创意领域数字艺术设计技能等级标准，填补该领域空白，依据职业教育国际合作项目成立"设计类专业国际化课改办公室"，积极参与"学历证书＋若干职业技能等级证书"相关工作，目前是 Autodesk 中国教育管理中心和 Unity 中国教育计划合作伙伴。

ACAA 在数字创意相关领域具有显著的品牌辨识度和影响力，并享有独立的自主知识产权，先后为 Apple、Adobe、Autodesk、Sun、Redhat、Unity、Corel 等国际软件公司提供认证考试和教育培训标准化方案，经过二十年市场检验，获得充分肯定。

二十年来，通过 ACAA 数字艺术设计培训和认证的学员，有些已成功创业，有些成为企业骨干力量。众多考生通过 ACAA 数字艺术设计师资格或实现入职，或实现加薪、升职，企业还可以通过高级设计师资格完成资质备案，来提升企业竞标成功率。

ACAA 系列教材旨在为院校和学习者提供更为科学、严谨的学习资源，我们致力于把最前沿的技术和最实用的职业技能评测方案提供给院校和学习者，促进院校教学改革，提升教学质量，助力产教融合，帮助学习者掌握新技能，强化职业竞争力，助推学习者的职业发展。

ACAA 中国数字艺术教育联盟

王 东

CAD 前 言

内容概要

AutoCAD 是一款功能强大的二维辅助设计软件，也是我国建筑设计领域使用较为广泛的绘图软件之一，在建筑设计行业中，能够熟练地使用该绘图软件已经成为建筑设计师们必须掌握的技能，也是衡量建筑设计水平高低的重要尺度。本书以敏锐的视角，简练的语言，并结合建筑设计的特点，运用大量的建筑设计案例，对 AutoCAD 软件进行全方位讲解，为了能让读者在短时间内制作完美的设计图纸，我们组织教学一线的设计人员及高校教师共同编写了此书。全书共 12 章，遵循由局部到整体、由理论到实践的写作原则，对建筑制图的知识进行了全方位的阐述，各篇章的内容介绍如下：

篇	章节	内容概述
学习准备篇	第 1 章	主要讲解了建筑设计入门知识、建筑施工图的绘制要求、AutoCAD 软件基础知识、行业设计软件分析介绍等
理论知识篇	第 2 ～ 8 章	主要讲解了捕捉功能的应用、图层的管理、测量工具的使用、二维绘图命令的应用、二维图形的编辑、图块的应用、尺寸标注的应用、文本与表格的应用、图纸的输出与打印等
综合实战篇	第 9 ～ 12 章	主要讲解了别墅建筑平面图、立面图、剖面图的绘制，商场首层户型图的绘制方法与技巧

系列图书一览

本系列图书既注重单个软件的实操应用，又看重多个软件的协同办公，以"理论＋实操"为创作模式，向读者全面阐述了各软件在设计领域中的强大功能。在讲解过程中，结合各领域的实际应用，对相关的行业知识进行了深度剖析，以辅助读者完成各种类型的设计工作。正所谓要"授人以渔"，读者不仅可以掌握这些设计软件的使用方法，还能利用它独立完成作品的创作。本系列图书包含以下图书作品：

⇨《中文版 AutoCAD 2020 辅助绘图课堂实录（标准版）》

⇨《中文版 AutoCAD 2020 建筑设计课堂实录》

⇨《中文版 AutoCAD 2020 园林景观设计课堂实录》

⇨《中文版 AutoCAD 2020 室内设计课堂实录》

⇨《中文版 AutoCAD 2020 机械设计课堂实录》

⇨《中文版 3ds Max 建模课堂实录》

⇨《中文版 3ds Max+Vray 室内效果图制作课堂实录》

⇨《中文版 3ds Max 材质 / 灯光 / 渲染效果表现课堂实录》

⇨《草图大师 SketchUp 课堂实录》

⇨《AutoCAD+SketchUp 园林景观效果表现课堂实录》

⇨《AutoCAD+3ds Max+Photoshop 室内效果表现课堂实录》

配套资源获取方式

目前，市场上很多计算机图书中配带的 DVD 光盘总是容易破损或无法正常读取。鉴于此，本系列图书的资源可以通过扫描以下二维码下载：

学习视频　　　　　实例文件　　　索取课件二维码

本书由李敬（潍坊市经济学校）编写，在编写过程中力求精益求精，由于时间有限，书中疏漏之处在所难免，望广大读者批评指正。

CAD 目 录

第 3 章 二维绘图命令详解

第 4 章 二维编辑命令详解

第 5 章 图块功能详解

综合实战篇

第 9 章 建筑平面图的绘制

第 10 章　建筑立面图的绘制

第 11 章　建筑剖面及详图的绘制

第 12 章　商场户型图的绘制

学习准备篇

第 1 章

建筑绘图入门必学

内容导读

建筑设计是一项专业性很强的技术工作。一个合格的建筑设计师，除了有过硬的专业知识外，同时还需具备熟练的绘图技能。而 AutoCAD 软件是建筑制图必备工具之一，使用它不仅能够将设计方案用规范、美观的图纸表达出来，还能有效地帮助设计人员提高设计水平及工作效率，这都是手工绘图无法比拟的。本章将向读者简单介绍建筑制图的基本常识及 AutoCAD 的工作界面，以便让读者对建筑设计行业有个初步的认识与了解。

学习目标

▲ 了解建筑设计概述   ▲ 认识 AutoCAD 2020 软件

▲ 了解建筑绘图常识   ▲ 其他相关应用软件介绍

1.1 建筑设计概述

建筑设计是设计师按照使用者要求，并根据建筑周边环境，合理地设想出建筑的整体外观及构架方案，并以图纸和文件的形式表达出来。施工人员会依据设计好的图纸建造出实体建筑物，使建筑物充分满足使用者和社会所期望的各种要求及用途。

1.1.1 建筑设计基本概念

房屋是人们生活最基本的需求之一。建造房屋也是人类最早的生产活动之一。早在原始社会，人们就用树枝、石块构筑巢穴躲避风雨和野兽的侵袭，开始了最原始的建筑活动。而建筑活动就是建造房屋以及从事其他土木工程活动的统称。

随着时代的发展，人们的审美意识不断提高，建筑早已超出了一般居住范围。目前建筑的目的主要是供人们从事各种活动，营造出一种人为环境。而为了能够满足人们的物质及精神方面的需求，现在的建筑更像是一种艺术创作。

1.1.2 建筑设计表现形式

建筑设计表现形式有很多种，大体可以分为计算机辅助表现和手绘表现两种方式。

1. 计算机辅助表现

可以说大部分的设计都需要利用计算机辅助完成。而对于辅助设计软件来说，AutoCAD、SketchUp、VRay、Photoshop 等软件最为常用。随着 CAD 技术的不断发展，计算机辅助建筑设计（CAAD）软件的产生，建筑业内计算机所覆盖的工作领域不断扩大，几乎均能由计算机作为工具而加以辅助，其中的绘图包括二维绘图、三维绘图（三维模型制作）。

（1）二维绘图

一般绘制二维图形常用 CAD 软件，它可用来进行相应的配套工作，如标注尺寸、符号、文字，制作表格和进行图面布置等，除了绘制阶段性的建筑平面图、立面图、剖面图之外，还能够轻松地绘制出各种施工详图。所以对于建筑设计来说，CAD 软件是绘制二维图形最佳的选择。

（2）三维绘图

由于二维图形在空间造型能力比较弱，无法直观地表达出建筑各个面的整体效果。所以需要利用三维绘图软件，并配合各种多媒体技术将建筑方案得以完美展现。在建筑领域中，常用的三维绘图软件有 SketchUp、Rhino、3ds Max、Vray、Lumion 等。

（3）后期处理

一般情况下，三维建筑模型所生成的图像需要进行最后的处理，其中包括效果调整、拼装组合和打印输出等 3 个方面的工作，以便最终完成满意的作品。后期处理最常用的工具是 Photoshop 软件。

2. 手绘表现

在方案构思阶段，徒手绘制出各种创意构思是非常必要的。设计师会将这些手绘图进行系统的加工、调整，从而形成一整套比较成熟的设计方案。可以说它是记录设计师的创作过程，同时也是创造力的体现，是计算机辅助设计所不能替代的，如图 1-1 所示。

图 1-1　设计师手稿示意图

<table>
<tr><td>## 1.2　了解建筑绘图的常识</td></tr>
</table>

AutoCAD 作为专业的设计绘图软件，以其强大的图形功能和日趋标准化发展的进程，逐步影响着建筑设计人员的工作方法和设计理念，是建筑设计的首选制图软件。下面将对建筑制图的基本常识进行介绍。

1.2.1　房屋建筑的组成结构

根据使用功能和使用对象的不同，房屋建筑一般可分为民用建筑和工业建筑两大类，无论是民用建筑还是工业建筑，一般都是由基础、墙或柱、楼梯、楼板层、屋顶和门窗 6 大部分组成，如图 1-2 所示。

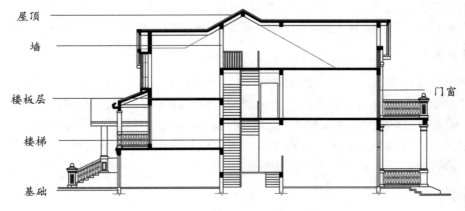

图 1-2　房屋剖面示意图

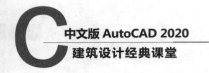
📖 **知识点拨**

> 　　民用建筑指的是人们居住、生活、工作和学习的房屋和场所。而工业建筑指的是人们从事
> 各类生产活动的用房，例如工业厂房和构筑物。其中构筑物主要包括水塔、桥梁、隧道、围墙、
> 道路、纪念碑等。

1．基础

　　房屋基础位于房屋的最下端，是房屋墙或柱的扩大部分，承受着房屋所有荷载并
将其传给地基。因此，基础应具有足够的强度和耐久性，并能承受地下各种因素的影响。
常用的基础形式有条形基础、独立基础、筏板基础、箱形基础、桩基础等。使用的材
料有砖、石、混凝土、钢筋混凝土等，如图 1-3 所示。

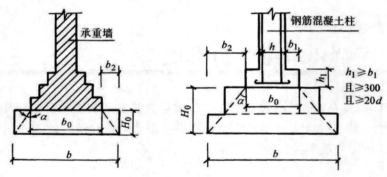

图 1-3　房屋基础示意图

2．墙或柱

　　墙在建筑中起着承重、围护和分隔的作用，分为内墙和外墙。在建筑施工中，要
求墙体根据功能的不同分别具有足够的强度、保温、防水、防潮、隔热、隔声等能力，
并具有一定的稳定性、耐久性和经济性。柱子在建筑中起到的主要作用是承受上梁、
板的荷载，以及附加在其上的其他荷载。要求柱子应具有足够的强度、稳定性和耐久性。

3．楼板层

　　楼板层是房屋建筑水平方向的承重构件，按房间层高将整幢建筑沿水平方向分为
若干个部分，充分利用建筑空间，大大增加了建筑的使用面积。楼板层应具有足够的
强度、刚度和隔声能力，并具有防水、防潮的能力，常用的楼板层为钢筋混凝土楼板层。
楼板层还应包括地坪，地坪是房间底层与土层相接的部分，它承受底层房间的荷载，
因此应具有耐磨、防潮、防水、保温等能力。

4．楼梯

　　楼梯是二层及以上建筑之间的垂直交通设施，供人们上下楼层和紧急情况下疏散

人员使用。建筑施工中要求楼梯不仅要有足够的强度和刚度，而且还要有足够的通行能力、防火能力，楼梯表面应具有防滑能力。常用的楼梯有钢筋混凝土楼梯以及钢楼梯，如图 1-4 所示。

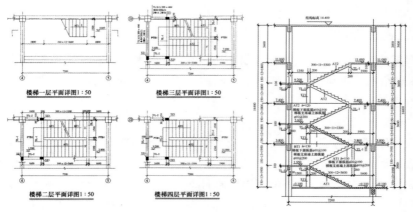

图 1-4　楼梯详图

5．屋顶

屋顶是建筑最上面的围护构件，起着承重、围护和美观作用。作为承重构件，屋顶应有足够的强度，支撑其上的围护层、防水层和上面的附属物；作为围护构件，屋顶主要起着防水、排水、保温、隔热的作用。另外，屋顶还应具有美化作用，不同的屋顶造型代表着不同的建筑风格，反映着不同的民族、文化，是建筑造型设计中的一个主要内容。

6．门窗

门主要供人们内外交通使用，窗则起着采光、通风的作用。门窗都有分隔和围护作用。对某些特殊功能的房间，有时还要求门窗具有保温、隔热、隔声等功能，如图 1-5 所示。目前，常用的门窗有木门窗、钢门窗、铝合金门窗、钛合金门窗、塑钢门窗等。

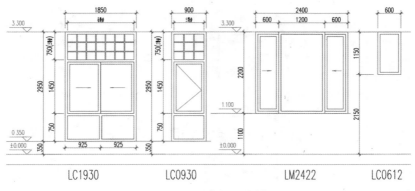

图 1-5　门窗立面图样

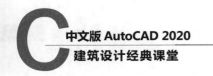
1.2.2 建筑施工图的绘制要求

在绘制房屋施工图时，设计者需要遵循国家规定的制图要求进行绘制，这样才能快速获得行之有效的建筑图形效果。

1. 房屋施工图设计过程

通常房屋施工图是要经过方案设计、初步设计、技术设计和施工图设计这 4 个阶段。4 个阶段环环相扣、不可或缺，任何一个阶段出现问题，都将直接影响建筑施工图的准确性和有效性。

（1）方案设计阶段

方案设计阶段的方案设计图，由设计者根据建筑的功能而确定建筑的平面形式、层数、立面造型等基本问题。

在方案设计阶段，可利用 AutoCAD 软件对建筑物的建筑形式、平面布置、立面处理和环境协调方面等做出综合的设计。同时，利用 SketchUp、Vray 等渲染技术绘制高质量、逼真的建筑渲染图，甚至可以提供动态的建筑动画和虚拟现实演示，这对于加强市场竞争和提高设计单位的生存能力有着重要的意义。

（2）初步设计阶段

初步设计阶段的设计图（简称初设图），需要设计师考虑其结构、设备等一系列基本相关因素后独立设计完成。通常根据设计任务书、有关的政策文件、地质条件、环境、气候、文化背景等，明确设计意图，继而提出设计方案。

初步设计阶段需要绘制的图纸应包括总平面布置图、平面图、立面图、剖面图、效果图、建筑经济技术指标，必要时还要提供建筑模型。经过多个方案的对比，最后确定综合方案，即为初步设计，如图 1-6 和图 1-7 所示。

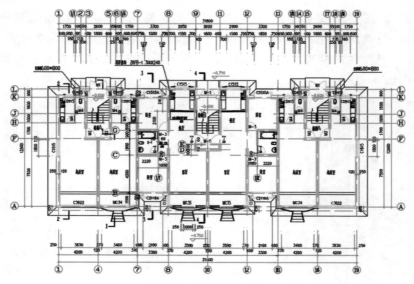

图 1-6　住宅楼平面图

图 1-7　住宅楼立面图

（3）技术设计阶段

技术设计阶段的技术设计图是各专业人员根据报批的初步设计图，并对工程进行技术协调后所绘制的基本图纸。对于大多数中小型建筑而言，此设计过程及图纸均由设计师在初步设计阶段完成。在已批准的初步设计基础上，组织有关工种的技术人员进一步解决各种技术问题，协调各工种之间的矛盾，并深入地对技术、经济进行比较，使设计在技术上、经济上都合理可行。此外，还要研究环境影响因素，如建筑日照、视线、阴影等。

（4）施工图设计阶段

施工图设计是建筑设计过程的最后阶段。该阶段的主要设计依据是报批获准的技术设计图或扩大初设图，用尽可能详尽的图形、文字、表格、尺寸等方式，将工程对象的有关情况表达清楚。

建筑施工图主要用来表示建筑物的规划位置、外部造型、内部各房间的布置、内外装修、构造及施工要求等。它的内容主要包括施工图首页、总平面图、各层平面图、立面图、剖面图及详图，如图 1-8 所示。房屋建筑施工图是为施工服务的，要求准确、完整、简明、清晰。

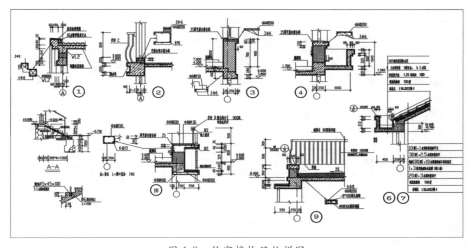

图 1-8　住宅楼构筑物详图

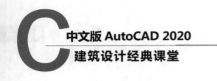

2．房屋建筑施工图绘制要求

在房屋施工图设计过程中，建筑施工图应当按照房屋正投影原理进行绘制，尽可能清晰、准确、详尽地表达建筑对象，并且在绘图过程中尽量简化图形，其具体内容如下所述。

● 房屋建筑施工图除效果图、设备施工图中的管道线路系统图外，其余采用正投影的原理绘制，因此所绘图样应符合正投影的特性。

● 建筑物形体很大，绘图时都要按比例缩小。为反映建筑物的细部构造及具体做法，常配有较大比例的详图图样，并且用文字和符号详细说明。

许多构配件无法如实画出，需要采用国家标准中规定的图例符号画出。有时国家标准规定中没有的，需要自己设计并加以说明。

3．建筑施工图的绘制规范

当读者了解建筑设计的流程后，下面将介绍建筑制图的一些制图规范。例如图幅标准、线型比例标准、常用的图纸标识符号等。

（1）图幅、标题栏及会签栏

图幅即图面的大小，分为横式和立式两种。根据国家规定的标准，按图面的长和宽确定图幅的等级。建筑常用的图幅有A0（也称为0号图幅，以此类推）、A1、A2、A3及A4，每种图幅的长宽尺寸如表1-1所示。

表 1-1　图幅标准

（mm）

尺寸代号＼图幅代号	A0	A1	A2	A3	A4
$b×1$	841×1189	594×841	420×594	297×420	210×297
c	10			5	
a	25				

表1-1中的尺寸代号含义如图1-9和图1-10所示。

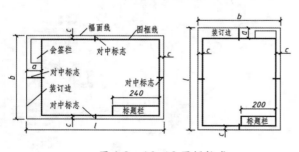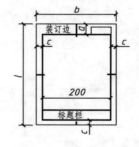

图 1-9　A0~A3图幅格式　　　　图 1-10　A4立式图幅格式

A0~A3图纸可以在长边加长，单短边一般不用加长，加长尺寸如表1-2所示。如有特殊需要，可采用 $b×1=841×891$ 或 1189×1261 的幅面。

10

表1-2　图纸长边加长尺寸表

图　幅	长边尺寸（mm）	长边加长后尺寸（mm）
A0	1189	1486　1635　1783　1932　2080　2230　2378
A1	841	1051　1261　1471　1682　1892　2102
A2	594	743　891　1041　1189　1338　1486　1635　1783　1932　2080
A3	420	630　841　1051　1261　1471　1682　1892

　　标题栏包括设计单位名称、工程名称、签字区、图名区以及图号区等内容。一般标题栏格式如图1-11所示，如今不少设计单位采用自己个性化的标题栏格式，但是仍必须包括这几项内容。

　　会签栏是为各工种负责人审核后签名用的表格，它包括专业、姓名、日期等内容，如图1-12所示。对于不需要会签的图纸，可以不设此栏。

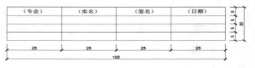

图 1-11　标题栏格式　　　　　　　　　图 1-12　会签栏格式

　　此外，需要微缩复制的图纸，其一个边上应附有一段准确米制尺度，4个边上均附有对中标志。米制尺度的总长应为100mm，分格应为10mm。对中标志应画在图纸各边长的中点处，线宽应为0.35mm，伸入框内应为5mm。

　　（2）线型与比例

　　在绘制各类建筑施工图时，针对图形中表达的内容不同，通常采用线型和绘图比例将其区分，以便能够更清晰、准确地表达建筑设计效果。

　　建筑图纸主要由各种线条构成，不同的线型表示不同的对象和部位，代表着不同的含义。为了图面能够清晰、准确、美观地表达设计思想，工程实践中采用了一套常用的线型，并规定了它们的使用范围，如表1-3所示。

表1-3　常用线型表

名称	线型	线宽	适用范围
实线	————————	b	建筑平面图、剖面图、构造详图中被剖切的主要构件截面轮廓线；建筑立面图外轮廓线；图框线、剖切线；总图中的新建建筑物轮廓
	————————	$0.5b$	建筑平面图、剖面图中被剖切的次要构件轮廓线；建筑平面图、立面图、剖面图构配件的轮廓线；详图中的一般轮廓线
	————————	$0.25b$	尺寸线、图例线、索引符号、材料线以及其他细部刻画用线等

续表

名称	线型	线宽	适用范围
虚线	— — — — — — —	0.5b	主要用于构造详图中不可见的实物轮廓；平面图中的起重机轮廓、拟扩建的建筑物轮廓
	- - - - - - -	0.25b	其他不可见的次要实物轮廓线
点划线	— · — · — · —	0.25b	轴线、构配件的中心线、对称线等
折断线	——／\——	0.25b	省略画图样时的断开界线
波浪线	～～～～	0.25b	构造层次的断开界线，有时也表示省略画出时的断开界线

图线宽度 b，宜从下列线宽中选取：2.0mm、1.4mm、1.0mm、0.7mm、0.5mm、0.35mm。不同的 b 值，产生不同的线宽组。在同一张图纸内，不同线宽组中的细线，可以统一采用线宽组中的细线，对于需要微缩的图纸，线宽不宜 ≤ 0.18mm。

房屋建筑体型庞大，通常需要缩小后才能画在图纸上。不同类型的建筑施工图对应的绘图比例也各不相同，各种图样常用比例如表 1-4 所示。

表 1-4　建筑施工图常用比例表

图　名	常用比例
总体规划图	1:2000，1:5000，1:10000，1:25000
总平面图	1:500，1:1000，1:2000
建筑平立剖面图	1:50，1:100，1:200
建筑局部放大图	1:10，1:20，1:50
建筑构造详图	1:1，1:2，1:5，1:10，1:20，1:50

在建筑施工图中标注比例参数时，比例宜标注在图名的右侧，并且字的底线应取平齐，比例的字高应比图名字高小一号或两号。

（3）常用的标高及图示符号

建筑制图中，标高符号以直角等腰三角形表示，使用细实线绘制。其中直角三角形的尖端应该指在被标注高度的位置，尖端可以向上也可以向下，标高标注的数字以小数表示，标注到小数点后 3 位。可以指在标高顶面上，也可以指在引出线上，如表 1-5 所示。

表 1-5　建筑施工图常用标高符号表

标高符号	说　明
▼	总平面图上室外标高符
（三角形）	平面图上楼地面标高符
（三角形带引出线）	立面图和剖面图各部位标高符号，下方短线为所标注部位的引出线
（数字） （数字）	立面图、剖面图左边标注
（数字） （数字）	立面图、剖面图右边标注
（数字）	立面图、剖面图特殊情况标注

　　标高符号的高度一般为 3mm，尾部长度一般为 9mm，在 1:100 的比例图中，高度一般被绘制为 300mm，尾部长度为 900mm。由于在建筑制图中各层标高不尽相同，因此需要把标高定义为带属性的动态图块，以便进行标高标注时非常方便地输入标高数值。

　　此外，其他常用的符号图例如表 1-6 和表 1-7 所示。

表 1-6　建筑施工图常用图示符号表

符　号	说　明	符　号	说　明
$i=5\%$	表示坡度	① Ⓐ 1/1 1/A	轴线号及附加轴线号
1　　1	标注剖切位置的符号，标数字的方向为投影方向，数字 1 与剖面图中的编号 1 对应	2　　2	标注绘制端面的位置，标数字的方向为投影方向，数字 2 与断面图的编号 2 对应
（对称符号）	对称符号，在对称图形的中轴位置画此符号，可以省画另外一半图形	（指北针）	指北针
（方形坑槽）	方形坑槽	（圆形坑槽）	圆形坑槽

续表

符　号	说　明	符　号	说　明
	方形孔洞		圆形孔洞
@	表示重复出现的固定间隔，例如"双向木格栅 @500"	Φ	表示直径，如 φ30
平面布置图 1:100	图名及比例	① 1:5	索引详图名及比例
宽×高或φ 底（顶或中心）标高	墙体预留洞	宽×高或φ 底（顶或中心）标高	墙体预留槽
	烟道		通风道

表 1-7　总图常用图例表

符　号	说　明	符　号	说　明
	新建建筑物。需要时用粗线绘制，表示出入口位置▲及层数 x 轮廓线（以 ±0.00 处外墙定位轴线或外墙皮线为准）。需要时，地上建筑用中实线绘制，地下建筑用细虚线绘制		原有建筑，用细线绘制
	拟扩建的预留地或建筑物，用中虚线绘制		新建地下建筑或构筑物，用粗虚线绘制
	拆除的建筑物，用细实线绘制		建筑物下面的通道
	广场铺地		台阶，箭头指向表示向上
	烟囱		实体性围墙
	通透性围墙		挡土墙，被挡土在突出的一侧

续表

符　号	说　明	符　号	说　明
	填挖边坡，边坡较长时，可在一端或两端局部表示		护坡，边坡较长时，可在一端或两端局部表示
X323.38 Y586.32	测量坐标	A102.15 B775.21	建筑坐标
32.36(±0.00)	室内标高	32.36	室外标高

（4）指北针和风向玫瑰

新建房屋的朝向与风向可在图纸的适当位置绘制指北针或风向频率玫瑰图（简称风向玫瑰）来表示。

指北针应该按国家标准规定绘制，如图 1-13 所示。指针方向为北向，圆用细实线绘制，直径为 24mm，指针尾部宽度为 3mm。如需使用较大直径绘制指北针时，指针尾部宽度宜为直径的 1/8。

风向频率玫瑰图在 8 个或 16 个方位线上，用端点与中心的距离代表当地这一风向在一年中的发生频率，粗实线表示全年风向，细虚线范围表示夏季风向，如图 1-14 所示。此外，在设置风向频率玫瑰图时，风向由各个方向吹向中心，风向线最长者为主导风向。

图 1-13　指北针

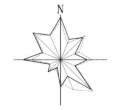

图 1-14　风向频率玫瑰图

1.3　AutoCAD 软件入门

AutoCAD 软件是建筑设计师必备的软件，可以说是设计师们手中的画笔。因此，对于想从事建筑行业的人来说，掌握 AutoCAD 软件操作技能尤为必要。下面将以最新版本 AutoCAD 2020 软件为例，向用户简单介绍该软件的使用方法。

1.3.1　AutoCAD 2020 软件工作界面

安装好 AutoCAD 2020 软件后，用户可以通过下列方式启动 AutoCAD 2020 软件。

● 执行"开始"|"所有程序"|Autodesk|"AutoCAD 2020- 简体中文（Simplified Chinese）"命令。

● 双击桌面上的 AutoCAD 快捷启动图标。

● 双击任意一个 AutoCAD 图形文件。

双击打开已有的图纸文件,即可看到 AutoCAD 2020 的工作界面。AutoCAD 软件默认的界面颜色为黑色,在此为了便于显示,将界面做了相应的调整,如图 1-15 所示。

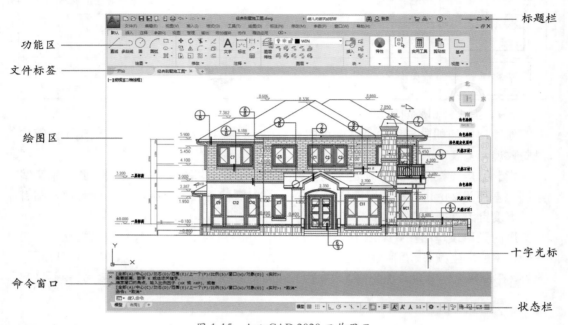

图 1-15　AutoCAD 2020 工作界面

注意事项

默认情况下,AutoCAD 2020 软件界面主题色为暗色,用户可以根据自己的喜好自定义软件的界面色。图 1-15 所示的工作界面色是后期调整过的。

1. 标题栏

标题栏位于工作界面的最上方,它由文件菜单按钮、快速访问工具栏、当前图形标题、搜索、Autodesk A360 以及窗口控制按钮等组成。将鼠标光标移至标题栏上,用鼠标右键单击或按 Alt+ 空格组合键,将弹出窗口控制菜单,从中可执行窗口的还原、移动、最小化、最大化、关闭等操作,如图 1-16 所示。

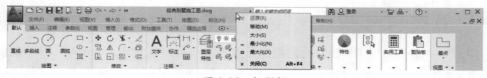

图 1-16　标题栏

2. 菜单栏

默认情况下，菜单栏是不显示状态的。如需要通过菜单栏启动相关命令，可在自定义快速访问工具栏中单击下拉按钮 ▼ ，在弹出的下拉菜单中选择"显示菜单栏"命令即可。在菜单栏中包含了 12 项命令菜单，分别是文件、编辑、视图、插入、格式、工具、绘图、标注、修改、参数、窗口以及帮助，如图 1-17 所示。

图 1-17　菜单栏

3. 功能区

功能区包含功能区选项卡、功能区选项组以及功能按钮这 3 大类。其中功能按钮是代替命令的简便工具，利用它们可以完成绘图过程中的大部分工作，用户只需单击所需的功能按钮就可以启动相关命令，其效率要比使用菜单栏命令高得多，如图 1-18 所示。

图 1-18　功能区

4. 文件标签

在功能区下方、绘图区上方会显示文件标签栏。默认会显示"开始"标签和当前正在使用的文件标签。单击标签右侧的"新图形"按钮 ＋ ，系统会新建一份空白文件，并以 Drawing1.dwg 命名的标签显示。

用鼠标右键单击当前使用的文件标签，在弹出的快捷菜单中，用户可进行"新建""打开""保存""关闭"等操作，如图 1-19 所示。

图 1-19　文件标签

5. 绘图区域

绘图区域是用户的操作区域，它位于操作界面中间位置。该区域包含有坐标系、十字光标和导航盘等，一个图形文件对应一个绘图区，所有的绘图结果都将反映在这个区域，如图 1-20 所示。用户可根据需要利用"缩放"命令来控制图形的大小显示，也可以关闭周围的各个工具栏，以增加绘图空间或在全屏模式下显示绘图区。

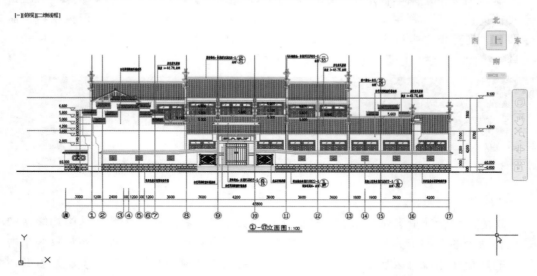

图 1-20　绘图区域

6. 命令窗口

命令窗口是用户通过键盘输入命令、参数等信息的地方。通过菜单和功能区执行的命令也会在命令窗口中显示。默认情况下，命令窗口位于绘图区域的下方，如图 1-21 所示。用户可以通过拖动命令窗口的左边框将其移至任意位置。

图 1-21　命令窗口

7. 状态栏

状态栏位于工作界面的最底部，用于显示当前的状态。状态栏的最左侧有"模型"和"布局"两个绘图模式，单击鼠标即可切换模式。状态栏右侧主要用于显示光标坐标轴、控制绘图的辅助功能、控制图形状态的功能等多个按钮，如图 1-22 所示。

图 1-22　状态栏

知识点拨

在绘图区中单击鼠标右键即可打开相应的快捷菜单，在该菜单中，用户可以根据需要启用相关命令。而无操作状态下的右键快捷菜单与操作状态下的右键快捷菜单，或者选择图形后的右键快捷菜单都是不同的。

实例：扩大绘图区域

AutoCAD 中的绘图区域是可以根据用户需求进行调整的。下面将介绍具体的操作方法。

Step 01 在功能区中连续单击 3 次"最小化为面板按钮" ▭ ，可隐藏功能区，以此扩大绘图区域，如图 1-23 所示。

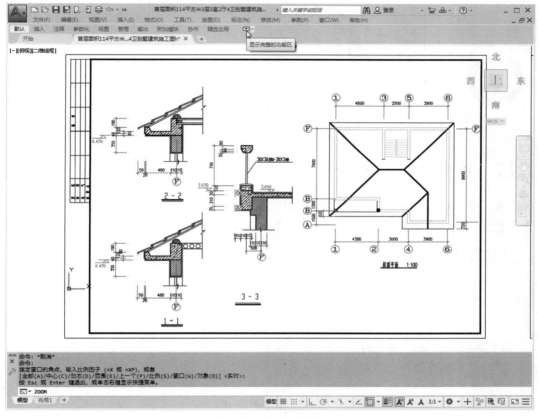

图 1-23 隐藏功能区

Step 02 将光标移动至命令行左侧工具栏空白处，按住鼠标左键的同时拖动命令行至其他位置，此时命令行会以最小化和半透明状态显示，如图 1-24 所示。

图 1-24 最小化命令行

Step 03 命令行调整好后，此时绘图区域将会以最大化显示，调整效果如图 1-25 所示。

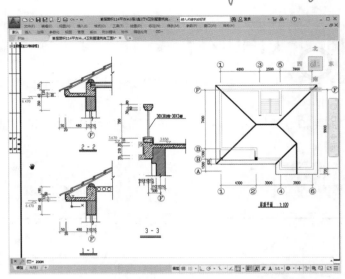

图 1-25　最大化显示绘图区域

1.3.2　管理图形文件

学习了 AutoCAD 2020 软件的工作界面之后，下面将对 AutoCAD 软件的基础操作进行介绍，其中包括图形的创建、打开、保存等。

1. 创建图形文件

启动 AutoCAD 2020 软件后，在"开始"界面中单击"开始绘制"图案按钮，即可新建一个新的空白图形文件，如图 1-26 所示。用户可通过以下几种方法来创建图形文件：

- 在菜单栏中执行"文件"｜"新建"命令。
- 单击文件菜单按钮，在弹出的列表中执行"新建"｜"图形"命令。
- 单击快速访问工具栏中的"新建"按钮。
- 单击绘图区上方文件选项栏中的"新图形"按钮，如图 1-27 所示。
- 在命令行中输入 NEW 命令，然后按回车键。

图 1-26　通过"开始绘制"创建图形文件

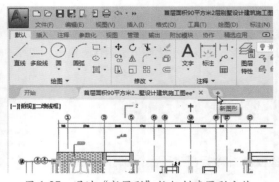

图 1-27　通过"新图形"按钮创建图形文件

2. 打开图形文件

启动 AutoCAD 2020 后,在"开始"界面中单击"打开文件"选项按钮,在"选择文件"对话框中选择所要打开的图形文件即可。用户还可通过以下方式打开已有的图形文件。

- 在菜单栏中执行"文件"|"打开"命令。
- 单击文件菜单按钮██,在弹出的列表中执行"打开"|"图形"命令。
- 单击快速访问工具栏中的"打开"按钮██。
- 在命令行中输入 OPEN 命令,然后按回车键。

执行以上任意操作后,系统会自动打开"选择文件"对话框,如图 1-28 所示。在此选择要打开的图形文件,单击"打开"按钮即可打开该文件。

图 1-28　打开文件

AutoCAD 2020 支持同时打开多个文件,利用 AutoCAD 的这种多文档特性,用户可在打开的所有图形之间来回切换、修改、绘图,还可参照其他图形进行绘图,在图形之间复制和粘贴图形对象,或从一个图形向另一个图形移动对象。

3. 保存图形文件

对图形进行编辑后即可保存图形文件。可以直接保存,也可以更改名称后保存为另一个文件。

（1）保存新建的图形

通过下列方式可以保存新建的图形文件。

- 在菜单栏中执行"文件"|"保存"命令。
- 单击文件菜单按钮██,在弹出的列表中执行"保存"命令。
- 单击快速访问工具栏中的"保存"按钮██。
- 在命令行中输入 SAVE 命令,然后按回车键。

执行以上任意一种操作后,系统将自动打开"图形另存为"对话框,如图 1-29 所示。在"保存于"下拉列表框中指定文件保存的路径,在"文件名"下拉列表框中输入图形文件的名称,在"文件类型"下拉列表框中选择保存文件的类型,最后单击"保存"按钮即可。

图 1-29　"图形另存为"对话框

（2）更名保存已有的图形

对于已保存的图形，可以更改名称保存为另一个图形文件。先打开该图形，然后通过下列方式进行图形更名保存。

● 执行"文件"|"另存为"命令。

● 单击文件菜单按钮⬛，在弹出的列表中执行"另存为"命令。

● 在命令行中输入 SAVE 命令，然后按回车键。

执行以上任意一种操作后，系统将会自动打开"图形另存为"对话框，设置需要的名称及其他选项后保存即可。

4. 退出 AutoCAD 2020

图形绘制完毕并保存后，可以通过下列方式退出 AutoCAD 2020。

● 在菜单栏中执行"文件"|"退出"命令。

● 单击文件菜单按钮⬛，在弹出的列表中执行"退出 Autodesk AutoCAD 2020"命令。

● 单击标题栏中的"关闭"按钮✖。

● 按 Ctrl+Q 组合键。

实例：调整十字光标的大小

默认情况下，绘图区中的十字光标大小为 5，用户可以根据自己的绘图习惯来对其大小进行调整。下面将介绍具体的操作方法。

Step 01 单击文件菜单按钮⬛，在打开的文件列表中单击"选项"按钮，如图 1-30 所示。打开"选项"对话框，切换到"显示"选项卡，在"十字光标大小"选项组中，向右拖动滑块至满意位置，或者在其左侧文本框中输入具体的参数值，这里输入 100，如图 1-31 所示。

图 1-30　单击"选项"按钮

图 1-31　"选项"对话框

Step 02 设置完成后单击"确定"按钮，关闭该对话框。此时十字光标的大小已发生了相应的变化，如图 1-32 和图 1-33 所示。

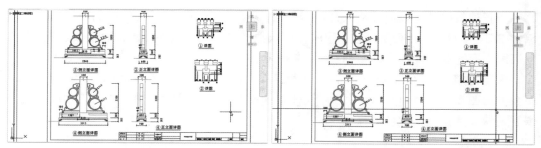

图 1-32　默认十字光标大小　　　　　　图 1-33　十字光标大小为 100

1.4　建筑设计行业常用软件

　　建筑设计主流制图软件除 AutoCAD 软件外，还有一些其他绘图软件，例如天正建筑、SketchUp、Photoshop 等，这些都会在实际工作中经常使用到。下面将对这些常用软件进行简单介绍。

1.4.1　天正建筑

　　天正建筑软件是天正公司为建筑设计者开发的一款专门用于高效制图的设计软件。除此之外，天正公司还研发了以建筑为首的一系列专业软件，例如暖通、电气、结构、市政道路、给排水、节能等。设计者可以根据自身需要来选择使用，如图 1-34 所示。

　　对于建筑专业的人员来说，天正建筑软件是非常实用且智能的绘图软件。它是在绘制二维图形的过程中，逐步展现出建筑物三维空间的样式，从而更加直观地呈现出设计方案的整体效果。

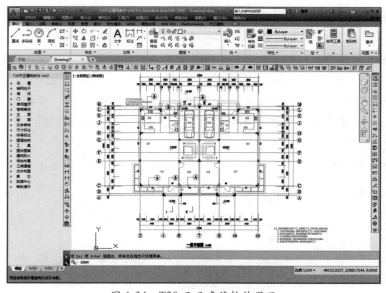

图 1-34　T20 天正建筑软件界面

天正建筑软件可以通过输入几个参数值，就能够自动生成平面图中的轴网、柱子、墙体、门窗、楼梯、阳台等模块。同时还可以根据绘制的建筑平面图快速生成建筑立面、剖面图。而这些功能在 AutoCAD 软件中是无法快速实现的。

天正建筑是 AutoCAD 软件的一个专业插件，它只能运行在 AutoCAD 环境中。大多数的绘图操作与 AutoCAD 相同，所以，对于熟练 AutoCAD 各项操作技能的用户来说，很容易快速掌握天正软件的操作。

1.4.2 SketchUp 软件

SketchUp（中文名：草图大师）是一款极受欢迎并易于使用的 3D 设计软件。更确切地说，它是一套直接面向方案创作过程的草图绘制工具。以"所见即所得"的形式在设计的任何阶段都可以三维成品来观察。它能够给设计者带来边构思边表现的体验，打破设计思想表现的束缚，快速形成建筑草图，并创作建筑方案，如图 1-35 所示。

图 1-35　SketchUp 软件建模效果欣赏

SketchUp 软件具有"画线成面，推拉成体"的实用功能，使用起来极其方便。同时，SketchUp 拥有自己的材质库，用户也可以根据自己的需要赋予模型各种材质和贴图，并且能够实时显示出来，从而直观地看到效果。除此之外，SketchUp 还能完美结合 VRay、Piranesi、Artlantis 等渲染器来实现多种风格的表现效果。并能与 AutoCAD、3ds Max、Revit 等常用设计软件进行转换互用，且满足多个设计领域的需求。

1.4.3 Photoshop 软件

Photoshop 是由 Adobe 公司开发和发行的图像处理软件，主要处理由像素组成的数字图像。该软件有非常强大的图像处理功能，在图像、图形、文字、视频、出版等各方面都有涉及。

在建筑设计中，Photoshop 软件常用在后期效果处理上，当使用 SketchUp 软件并结合渲染器制作出建筑效果后，都需要利用 Photoshop 软件对其进行美化，例如，色调明暗的调整、建筑周边环境气氛的烘托等，从而呈现出更完美的效果，如图 1-36 所示。

图 1-36　建筑效果欣赏

课堂实战　了解文件自动保存功能

　　用户经常会遇到电脑突然断电或死机，导致文件没来得及保存就强行关闭的情况。这类情况用户完全可以利用自动保存功能来找回未保存的文件。下面将介绍具体的操作方法。

Step 01 启动 AutoCAD 2020 软件，在命令行中输入 OP 快捷命令，按回车键后即可打开"选项"对话框，如图 1-37 所示。

Step 02 切换到"打开和保存"选项卡，在"文件安全措施"选项组中，系统会默认选中"自动保存"和"每次保存时均创建备份副本"两个复选框，同时将"保存间隔分钟数"设为 10，如图 1-38 所示。

图 1-37　"选项"对话框

图 1-38　设置文件安全措施选项

注意事项

　　该选项不要轻易取消。一旦取消，则自动保存功能就不存在。选中该复选框后，系统会每隔 10~15 分钟自动保存一次。当然自动保存的时间用户可自行更改。最合适的时间为 10 分钟。时间安排太久则起不到自动保存的作用，时间安排太短，就会因保存太频繁而出现电脑卡顿现象。

Step 03 如果出现没来得及保存就关机的现象，启动 AutoCAD 软件，打开"选项"对话框，切换到"文件"选项卡，在"搜索路径、文件名和文件位置"列表框中选择"自动保存文件位置"选项，单击该选项前的折叠按钮，则会显示出相应的保存路径，如图 1-39 所示。

图 1-39　查找自动保存文件的位置

Step 04 将该路径复制到资源管理器的地址栏中，即可快速打开相应的文件位置。从中按照时间顺序选择最近一次自动保存的文件（*.sv$），将其后缀名改为 .dwg 格式，即可利用 AutoCAD 打开该文件，如图 1-40 所示。

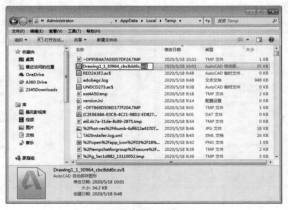

图 1-40　更改后缀名

🖥 课后作业

为了让用户能够更好地掌握本章所学的知识，下面将安排一些 ACAA 认证考试的参考试题，让用户对所学的知识进行巩固和练习。

一、填空题

1. 在 AutoCAD 中用户可使用 _____、_____、_____ 和 _____ 这 4 种方式来打开图形文件。

2. 房屋建筑一般可分为 _____ 和 _____ 两大类，是由 _____、_____、_____、_____、_____ 和 _____ 六大部分组成。

3. 国标规定，定位轴线用 _____ 线表示。

4. 在建筑平面图中，横向定位轴线应用 _____ 从 _____ 至 _____ 顺序编写；竖向定位轴线应用 _____ 从 _____ 至 _____ 顺序编写。

二、选择题

1. （ ）需要绘制总平面布置图、平面图、立面图、剖面图、效果图、建筑经济技术指标，必要时还要提供建筑模型，确定综合方案。

    A. 方案设计阶段   B. 初步设计阶段

    C. 技术设计阶段   D. 施工图设计阶段

2. （ ）承受着房屋所有荷载并将其传给地基。

    A. 基础   B. 楼板层

    C. 墙或柱   D. 屋顶

3. （ ）不属于建筑平面图。

    A. 底层平面图   B. 标准层平面图

    C. 基础平面图   D. 屋顶平面图

4. 建筑立面图图示不能按（ ）方式命名。

    A. 朝向   B. 仅建筑物名

    C. 主入口   D. 轴线

三、操作题

1. 安装 AutoCAD 2020 试用版软件

本实例将通过官网下载 AutoCAD 2020 试用版，并进行安装操作。

⚠ **操作提示：**

Step 01 在 Autodesk 官方网站中下载名为 AutoCAD 2020 试用版软件。

Step 02 根据安装向导安装 AutoCAD 软件。

2. 设置绘图区背景色

本实例将通过"选项"对话框中的相关设置，调整绘图区背景颜色，效果参考如图 1-41 和图 1-42 所示。

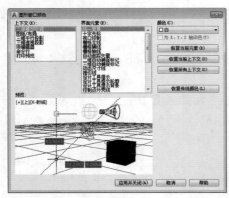

图 1-41 "图形窗口颜色"对话框   图 1-42 设置绘图区颜色

⚠ **操作提示：**

Step 01 在命令行中输入 OP 快捷命令，打开"选项"对话框，切换到"显示"选项卡，单击"颜色"按钮，打开"图形窗口颜色"对话框。

Step 02 选择"二维模型空间""统一背景"以及背景色，单击"应用并关闭"按钮即可。

理论知识篇

第**2**章

辅助绘图功能详解

内容导读

AutoCAD 辅助功能非常实用，利用它能够快速、准确地定位到图纸的某个点或某个区域。本章将向读者介绍 AutoCAD 辅助功能的具体应用操作，其中包括捕捉功能的应用、图层功能的设置管理、查询功能的使用等。通过对本章内容的学习，相信读者能够掌握一些辅助工具的操作，并将其运用在日常工作中。

学习目标

▲ 了解图形的选择方式   ▲ 熟悉图层的设置与管理

▲ 掌握捕捉功能的使用   ▲ 掌握测量功能的使用

2.1 图形的快速选取

选取图形是 AutoCAD 软件的基本操作。在 AutoCAD 中，无论是创建图形还是编辑图形，都需要先选中所需的图形才行。那么如何能够既快又准地选取所需要的图形呢？下面就来介绍图形选取的方法与技巧。

2.1.1 选取图形的方式

用户可通过点选的方式来选取图形，也可通过框选、围选、栏选的方式选取图形。

1. 点选图形

点选图形的方式最简单。在选择图形时，将光标移至图形上方，此时光标右上角

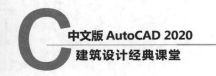
会显示✛图标，单击该图形即可选中。如果需要选择多个图形的话，只需逐个单击图形即可，如图 2-1 和图 2-2 所示。

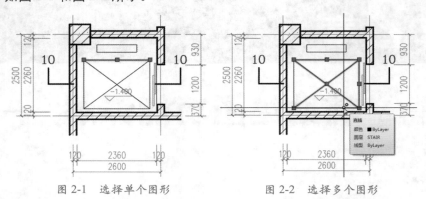

图 2-1　选择单个图形　　　　　　图 2-2　选择多个图形

该方法选择图形较为简单、直观，但其精确度不高。如果在选取较为复杂的图形时，往往会出现误选或漏选现象。

2. 框选图形

在选择大量图形时，使用框选方式较为合适。在 AutoCAD 中框选的方式分为两种，一种是窗口选取，另一种则是窗交选取。

（1）窗口选取

利用窗口方式选择图形，则是通过鼠标拖曳的方法从左至右框选，此时矩形窗口内的所有图形将被选中，相反，矩形窗口外的图形则不被选中，如图 2-3 和图 2-4 所示。

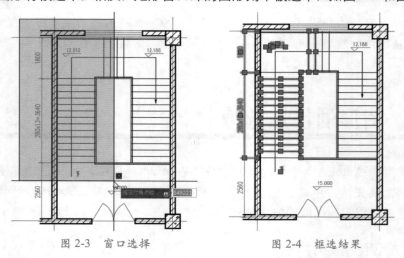

图 2-3　窗口选择　　　　　　　图 2-4　框选结果

（2）窗交选取

利用窗交的方式进行选择，则是从右至左框选。其操作方法与窗口选取相似，它同样也可创建矩形选取窗口，而与窗口选取不同的是，在进行框选时，与矩形窗口相交的图形也可被选中，如图 2-5 和图 2-6 所示。

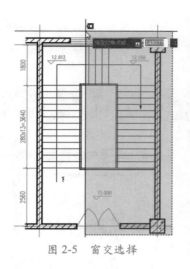

图 2-5　窗交选择

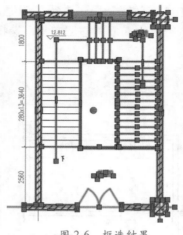

图 2-6　框选结果

3. 套索选取图形

　　使用套索选取方式来选择图形，其灵活性较大。它可通过不规则图形围选所需图形。用户在选择图形时，按住鼠标左键不放，拖动光标至满意位置，如图 2-7 所示。释放鼠标后，所有在套索范围内的图形将被选中，如图 2-8 所示。

注意事项

　　在命令行中输入快捷命令 OP，打开"选项"对话框，切换到"选择集"选项卡，在"选项集模式"选项组中选中"允许按住并拖动套索"复选框，即可启动套索选取方式。相反，取消选中该复选框即可关闭套索选取功能。

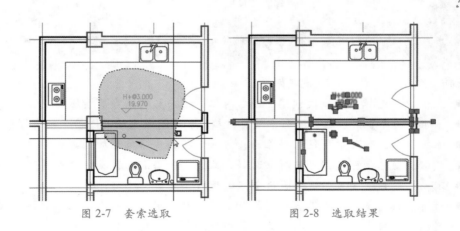

图 2-7　套索选取　　　　　　　　图 2-8　选取结果

4. 栏选图形

　　栏选方式则是利用一条开放的多段线进行图形的选择，其所有与该线段相交的图形都会被选中。在对复杂图形进行编辑时，可使用栏选方式选择连续的图形。单击图形后，在命令行中输入 F 并按回车键，选择所需范围即可，如图 2-9 和图 2-10 所示。

命令行提示如下：

命令：指定对角点或 [栏选 (F) / 圈围 (WP) / 圈交 (CP)]：f （输入 F，选择"栏选"选项）
指定下一个栏选点或 [放弃 (U)]： （选择下一个拾取点，直至结束，按回车键完成选择）

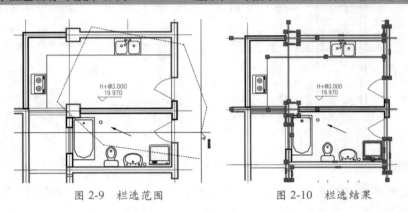

图 2-9　栏选范围　　　　　图 2-10　栏选结果

5. 其他选取方式

除了以上常用的选取方式外，还可使用"上一个""全部""多个""自动"等方式进行选择。在命令行中输入 SELECT 命令并按回车键，然后输入"？"，则可显示多种选取方式，此时用户即可根据需要进行选取操作。

命令行提示如下：

命令：_SELECT
选择对象：? （输入"?"）
* 无效选择 *
需要点或窗口 (W) / 上一个 (L) / 窗交 (C) / 框 (BOX) / 全部 (ALL) / 栏选 (F) / 圈围 (WP) / 圈交 (CP) / 编组 (G) / 添加 (A) / 删除 (R) / 多个 (M) / 前一个 (P) / 放弃 (U) / 自动 (AU) / 单个 (SI) / 子对象 (SU) / 对象 (O) （选择所需选择的方式）

在命令行中部分选取方式说明如下。

● 上一个：选择最近一次创建的图形对象，该图形需在当前绘图区中。
● 全部：该选项用于选取图形中没有被锁定、关闭或冻结的图层上所有图形对象。
● 添加：该选项可使用任何对象选择方式，将选定对象添加到选择集中。
● 删除：该选项可使用任何对象选择方式，将从当前选择集中删除图形。
● 前一个：该选项表示选择最近创建的选择集。
● 放弃：该选项将放弃选择最近添加到选择集中的图形对象。如果最近一次选择的图形对象多于一个，将从选择集中删除最后一次选择的图形。
● 自动：该选项切换到自动选择，单击一个对象即可选择。单击对象内部或外部的空白区，将形成框选方法定义的选择框的第一点。
● 多个：该选项可单击选中多个图形对象。

- 单个：该选项表示切换到单选模式，选择指定的第一个或第一组对象，而不继续提示进一步选择。
- 子对象：该选项使用户可逐个选择原始形状，这些形状是复合实体的一部分或三维实体上的顶点、边和面。
- 对象：该选项表示结束选择子对象的功能，使用户可使用对象选择方法。

2.1.2　快速选取指定图形

如果需要选择大量具有某些相同特性的图形对象时，可通过"快速选择"功能进行选择操作。利用该功能可以根据图形的图层、颜色、图案填充等特性和类型来创建选择集。

用户可以通过以下方法执行"快速选择"命令。

- 执行"工具"|"快速选择"命令。
- 在"默认"选项卡的"实用工具"面板中单击"快速选择"按钮▒。
- 在命令行中输入 QSELECT 命令，然后按回车键。

执行以上任意一项操作后，将打开"快速选择"对话框，如图 2-11 所示。

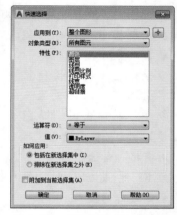

图 2-11　"快速选择"对话框

在"如何应用"选项组中可选择特性应用的范围。若选中"包括在新选择集中"单选按钮，则表示将按设定的条件创建新选择集；若选中"排除在新选择集之外"单选按钮，则表示将按设定条件选择对象，选择的对象将被排除在选择集之外，即根据这些对象之外的其他对象创建选择集。

📖知识点拨
用户在选择图形过程中，可随时按 Esc 键，终止目标图形对象的选择操作，并放弃已选中的目标。如果没有进行任何编辑操作时，按 Ctrl+A 组合键，则可以选择绘图区中的全部图形。

2.2　图形捕捉功能的应用

在 AutoCAD 软件中，辅助功能主要包括捕捉模式、栅格显示、正交模式、极轴追踪、对象捕捉和对象捕捉追踪等。下面将对几个常用的捕捉功能进行介绍。

2.2.1 栅格和捕捉功能

在绘制图形时，使用捕捉和栅格功能有助于创建和对齐图形中的对象。一般情况下，捕捉和栅格是配合使用的，即捕捉间距与栅格的 X、Y 轴间距分别一致，这样就能保证鼠标拾取到精确的位置。

1. 显示图形栅格

栅格是一种可见的位置参考图标，有助于定位。显示栅格后，栅格则按照设置的间距显示在图形区域中，可以起到坐标纸的作用，以提供直观的距离和位置参照，如图 2-12 所示。

用户可以通过以下方式打开或关闭"图形栅格"功能。

● 在状态栏中单击"显示图形栅格"按钮▦。

● 在状态栏中用鼠标右键单击"显示图形栅格"按钮，在弹出的快捷菜单中选择"网格设置"命令，在弹出的"草图设置"对话框中选中"启用栅格"复选框。

● 按 F7 键 或 Ctrl + G 组合键进行切换。

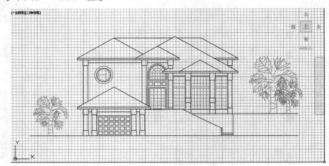

图 2-12　显示的栅格

2. 捕捉模式

栅格显示只能提供绘制图形的参考背景，捕捉才是约束鼠标光标移动的工具，栅格捕捉功能用于设置鼠标光标移动的固定步长，即栅格点阵的间距，使鼠标在 X 轴和 Y 轴方向上的移动量总是步长的整数倍，以提高绘图的精度。用户可以通过下列方式打开或关闭"栅格捕捉"功能。

● 在状态栏中单击"捕捉模式"按钮▦。

● 在状态栏中用鼠标右键单击"捕捉模式"按钮，在弹出的快捷菜单中选择"栅格捕捉"命令。

● 按 F9 键进行切换。

2.2.2 对象捕捉功能

对象捕捉是通过已存在的实体对象的特殊点或特殊位置来确定点的位置。对象捕捉有两种方式，一种是自动对象捕捉，另一种是临时对象捕捉。

临时对象捕捉主要通过"对象捕捉"工具栏实现，执行"工具"|"工具栏"|AutoCAD|"对象捕捉"命令，即可打开"对象捕捉"工具栏，如图 2-13 所示。

图 2-13 "对象捕捉"工具栏

执行自动对象捕捉操作前，首先要设置好需要的对象捕捉点，以后当光标移动到这些对象捕捉点附近时，系统就会自动捕捉到这些点。如果把光标放在捕捉点上多停留一会，系统还会显示捕捉的提示。这样，在选点之前，就可以预览和确认捕捉点。

通过以下方法可以打开或关闭对象捕捉模式。

- 单击状态栏中的"对象捕捉"按钮 □。
- 在状态栏中用鼠标右键单击"对象捕捉"按钮，在弹出的快捷菜单中选择"对象捕捉设置"命令，在弹出的"草图设置"对话框中选中"启用对象捕捉"复选框。
- 按 F3 键进行切换。

在"草图设置"对话框的"对象捕捉"选项卡中，可以设置自动对象捕捉模式，如图 2-14 所示。

在该选项卡的"对象捕捉模式"选项组中，列出了 14 种对象捕捉点和对应的捕捉标记。需要捕捉哪些对象捕捉点，选中这些点前面的复选框即可。下面对常用的捕捉模式进行介绍。

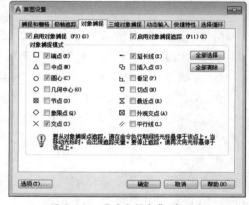

图 2-14 "对象捕捉"选项卡

- 端点 □：捕捉直线、圆弧或多段线离拾取点最近的端点，以及离拾取点最近的填充直线、填充多边形或 3D 面的封闭角点。
- 中点 △：捕捉直线、多段线、圆弧的中点。
- 圆心 ○：捕捉圆弧、圆、椭圆的中心。
- 交点 ✕：捕捉直线、圆弧、圆、多段线和另一直线、多段线、圆弧或圆的任何组合的最近的交点。如果第一次拾取时选择了一个对象，命令行提示输入第二个对象，并捕捉两个对象真实的或延伸的交点。该模式不能和"外观交点"模式同时有效。
- 垂足 ┞：捕捉直线、圆弧、圆、椭圆或多段线上的一点，以选定的点到该捕捉点的连线与所选择的实体垂直。
- 切点 ⌀：捕捉圆弧、圆或椭圆上的切点，该点和另一点的连线与捕捉对象相切。

2.2.3 对象追踪功能

对象捕捉追踪与极轴追踪是两个可以进行自动追踪的辅助绘图功能，即可以自动追踪记忆同一命令操作中光标所经过的捕捉点。从而以其中某一捕捉点的 X 坐标或 Y 坐标控制用户所要选择的定位点。

用户可以通过以下方法打开或关闭"对象捕捉追踪"功能。

- 在状态栏中单击"对象捕捉追踪"按钮 。
- 在状态栏中用鼠标右键单击"对象捕捉追踪"按钮，在弹出的快捷菜单中选择"对象捕捉追踪设置"命令，在弹出的"草图设置"对话框中选中"启用对象捕捉追踪"复选框。
- 按 F11 键进行切换。

注意事项

对象追踪功能必须和对象捕捉功能同时工作，即在追踪对象捕捉到点之前，须先打开对象捕捉功能。

2.2.4 极轴追踪功能

极轴追踪的追踪路径是由相对于命令起点和端点的极轴定义的。极轴角是指极轴与 X 轴或前面绘制对象的夹角，如图 2-15 所示。

用户可以通过以下方法打开或关闭极轴追踪功能。

- 在状态栏中单击"极轴追踪"按钮 。
- 在状态栏中用鼠标右键单击"极轴追踪"按钮，在弹出的快捷菜单中选择"正在追踪设置"命令，在弹出的"草图设置"对话框中选中"启用极轴追踪"复选框。
- 按 F10 键进行切换。

在"草图设置"对话框的"极轴追踪"选项卡中，可对极轴追踪进行相关设置，如图 2-16 所示。各选项功能介绍如下。

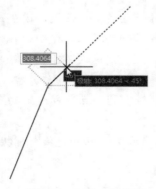

图 2-15 极轴追踪绘图

图 2-16 "极轴追踪"选项卡

- 启用极轴追踪：打开或关闭极轴追踪模式。
- 增量角：选择极轴角的递增角度，按增量角的整体倍数确定追踪路径。
- 附加角：可沿某些特殊方向进行极轴追踪。如在按 30° 增量角的整数倍角度追踪的同时，追踪 15°角的路径，可选中"附加角"复选框，单击"新建"按钮，在文本框中输入 15 即可。

● 对象捕捉追踪设置：设置对象捕捉追踪的方式。

● 极轴角测量：定义极轴角的测量方式。"绝对"表示以当前 UCS 的 X 轴为基准计算极轴角，"相对上一段"表示以最后创建的对象为基准计算极轴角。

知识拓展

正交模式和极轴追踪模式不能同时打开。当打开其中一个功能时，系统会自动关闭另一个功能。

实例：绘制指北针图形

利用"极轴追踪"和"对象捕捉"等功能来绘制指北针图形。

Step 01 在状态栏中用鼠标右键单击"极轴追踪"按钮 ◔，在弹出的快捷菜单中选择"15，30，45，60"增量角选项，如图 2-17 所示。

Step 02 返回至绘图区中，执行"圆"命令，在绘图区中任意指定一点作为圆心，移动鼠标，根据命令行的提示，在命令行中输入 50 并按回车键，绘制半径为 50mm 的圆，如图 2-18 所示。

命令行提示如下：

```
命令：_circle
指定圆的圆心或 [三点(3P)/两点(2P)/切点、切点、半径(T)]：    (指定好圆心)
指定圆的半径或 [直径(D)] <50.0000>：50          (输入半径值 50，按回车键)
```

图 2-17 设置增量角

图 2-18 绘制圆

Step 03 在状态栏中用鼠标右键单击"对象捕捉"按钮，在弹出的快捷菜单中选择"对象捕捉设置"命令，在打开的"对象捕捉"选项卡中选中所需对象捕捉模式，单击"确定"按钮，如图 2-19 所示。

Step 04 执行"直线"命令，捕捉圆形上端象限点作为直线的起点，向下移动光标，此时系统会自动沿着 105°角的方向显示追踪辅助线，如图 2-20 所示。将光标沿着该追踪线，捕捉与圆形的交点作为直线的端点并绘制斜线，如图 2-21 所示。

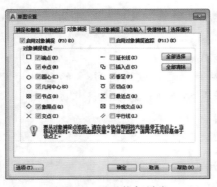

图 2-19　设置捕捉模式

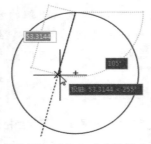

图 2-20　捕捉自动追踪辅助线

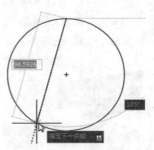

图 2-21　捕捉交点

Step 05 继续向上移动光标，捕捉 45° 追踪辅助线，并在命令行中输入 35，按回车键后完成线段长度为 35mm 的斜线，如图 2-22 所示。

Step 06 继续向下移动光标，沿着 45° 追踪线捕捉与圆形的交点，绘制的斜线如图 2-23 所示。

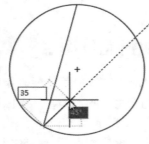

图 2-22　捕捉绘制斜线

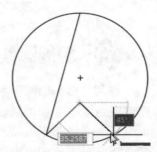

图 2-23　继续绘制斜线

Step 07 继续向上移动光标，捕捉第一条线段的起点，按回车键闭合图形，如图 2-24 所示。

Step 08 执行"单行文字"命令，根据命令行的提示，指定好文字的插入点，设置文字高度为 30，旋转角度为 0，按回车键后启动文字编辑框，在此输入"N"，并在空白处单击一下，按 Esc 键完成指北针符号的输入操作，如图 2-25 所示。

命令行提示内容如下：

```
命令：_text
当前文字样式：  "Standard"  文字高度：  30.0000  注释性：  否  对正：  左
指定文字的起点  或 [对正(J)/样式(S)]：（指定文字的插入点）
指定高度 <30.0000>：30    （输入文字高度值，按回车键）
指定文字的旋转角度 <0>：  （按回车键）
```

图 2-24　绘制指北针图形

图 2-25　添加指北针符号

2.2.5　正交限制光标

正交限制光标（简称：正交）模式是在任意角度和直角之间进行切换，在约束线段为水平或垂直的时候可以使用正交模式。正交模式只能沿水平或垂直方向移动，取消该模式则可沿任意角度进行绘制。用户可通过以下方法打开或关闭正交模式。

● 在状态栏中单击"正交限制光标"按钮┖。
● 按 F8 键进行切换。

2.2.6　动态输入

动态输入是除了命令行以外又一种友好的人机交互方式。启用动态输入功能，可以直接在光标附近显示信息或输入参数值，其数值会随着鼠标的移动而变化。

在状态栏中用鼠标右键单击任意捕捉命令，在弹出的快捷菜单中选择相关设置命令，即可打开"草图设置"对话框，切换到"动态输入"选项卡，选中"启用指针输入"复选框即可，用户也可根据需要选中其他相关选项，如图 2-26 所示。

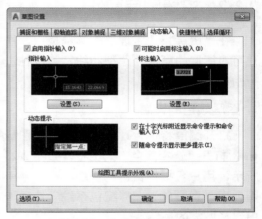

图 2-26　启动动态输入功能

2.3　图层的设置与管理

在制图之前创建必要的图层是一种非常好的习惯。利用图层功能可以快速地对图形的颜色、线型以及其他属性进行统一管理。本小节将介绍图层功能的应用操作，其中包括图层的创建、图层的设置以及图层的管理。

在 AutoCAD 软件中，无论是创建、编辑图层或是管理图层，都是通过"图层特性管理器"选项板来实现的。用户可通过以下方式打开"图层特性管理器"选项板。

● 在菜单栏中执行"格式"|"图层"命令。
● 在"默认"选项卡的"图层"面板中单击"图层特性"按钮☰。

2.3.1　新建图层

在"图层特性管理器"选项板中，单击"新建图层"按钮☰，系统将自动创建一个名为"图层 1"的图层，如图 2-27 所示。双击图层名称，当它呈编辑状态时，可对其名称进行更改。

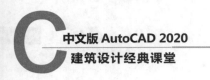
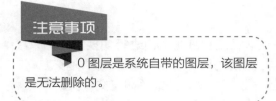

注意事项

　　0图层是系统自带的图层，该图层是无法删除的。

图 2-27　图层特性管理器

2.3.2　设置图层属性

　　在"图层特性管理器"选项板中，用户可对图层的颜色、线型和线宽等属性进行相应的设置。

1. 图层颜色的设置

　　打开图层特性管理器，单击颜色图标■白，打开"选择颜色"对话框，如图 2-28所示，用户可根据自己的需要，在"索引颜色""真彩色"和"配色系统"选项卡中选择所需的颜色。

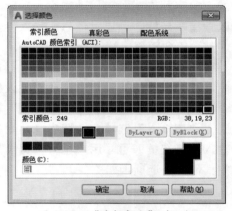

图 2-28　"选择颜色"对话框

2. 线型的设置

　　单击线型图标 Continuous，系统将打开"选择线型"对话框，如图 2-29 所示。在默认情况下，系统仅加载一种 Continuous（连续）线型。若需要其他线型，则要先加载该线型，即在"选择线型"对话框中单击"加载"按钮，打开"加载或重载线型"对话框，如图 2-30 所示。选择所需的线型，单击"确定"按钮，即可将所需线型添加到"选择线型"对话框中。

图 2-29　选择线型

图 2-30　加载线型

3. 线宽的设置

在"图层特性管理器"选项板中单击所需图层的线宽图标按钮——默认，打开"线宽"对话框，如图 2-31 所示。在"线宽"列表框中选择所需线宽，单击"确定"按钮即可完成线宽的设置。

图 2-31   设置线宽

> 📖 **知识点拨**
>
> 默认情况下，线宽设置好后，图形是不显示线宽的。只有在状态栏中单击"显示/隐藏线宽"按钮 ☰，才会正常显示线宽。

2.3.3   管理图层

在"图层特性管理器"选项板中，除了可创建图层并设置图层属性，还可以对创建好的图层进行管理操作，如图层的控制、置为当前层、改变图层和属性等操作。

1. 图层状态控制

在"图层特性管理器"选项板中，提供了一组状态开关图标，用以控制图层状态，如关闭、冻结、锁定等。

（1）开/关图层

单击"开"按钮 💡，该图层即被关闭，图标即变成 💡。图层关闭后，该图层上的实体不能在屏幕上显示或打印输出，重新生成图形时，图层上的实体将重新生成。

若关闭当前图层，系统会提示是否关闭当前层，只需选择"关闭当前图层"选项即可，如图 2-32 所示。但是当前层被关闭后，若要在该层中绘制图形，其结果将不显示。

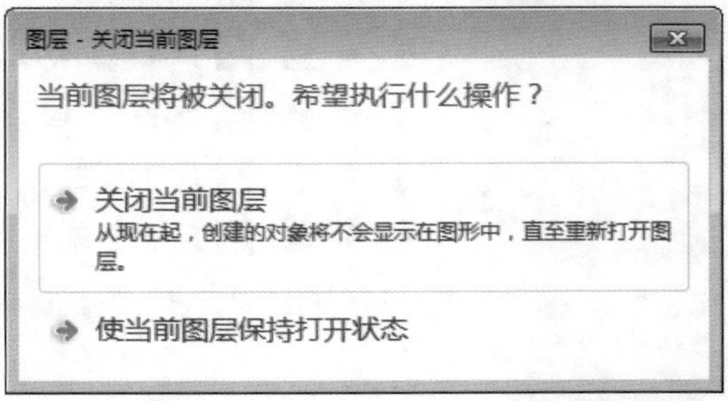

图 2-32   "关闭当前图层"对话框

（2）冻结/解冻图层

单击"冻结"按钮 ☀，当其变成雪花图样 ❄ 时，即可完成图层的冻结。图层冻结后，该图层上的实体不能在屏幕上显示或打印输出，重新生成图形时，图层上的实体不会重新生成。

（3）锁定 / 解锁图层

单击"锁定"按钮，当其变成闭合的锁图样时，图层即被锁定。图层锁定后，用户只能查看、捕捉位于该图层上的对象，可以在该图层上绘制新的对象，而不能编辑或修改位于该图层上的图形对象，但实体仍可以显示和输出。

（4）置为当前层

系统默认当前图层为 0 图层，且只可在当前图层上绘制图形。用户可以双击其他图层，当图层前显示✔符号后，说明该图层已置为当前。

2. 改变图形对象所在的图层

在绘制图形的过程中，经常会对图形所在的图层进行调整。用户通过下列方式可以更改图形对象所在的图层。

- 选中图形对象，然后在"图层"面板的下拉列表中选择所需图层，如图 2-33 所示。
- 用鼠标右键单击图形对象，在弹出的快捷菜单中选择"特性"命令，在打开的"特性"选项板的"常规"选项组中单击"图层"选项右侧的下拉按钮，在下拉列表中选择所需的图层，如图 2-34 所示。

> **知识点拨**
>
> 利用"特性"选项板还可以对图层的各个属性进行编辑，例如颜色、线型、线型比例、线宽等。在"常规"选项组中单击相应的属性选项即可设置。

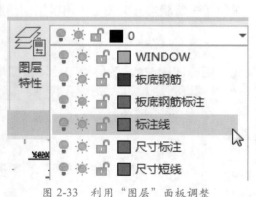

图 2-33　利用"图层"面板调整　　　图 2-34　利用"特性"面板调整

实例：输出建筑图层

在绘制大型图纸时，经常会将已创建好的图层输出至新文件中，从而避免重复创建相同的图层，既节省时间又提高绘图效率，以方便绘图使用。下面将以输出建筑图层为例来介绍具体的操作方法。

Step 01 打开本书配套的素材文件，单击"图层特性"按钮，打开"图层特性管理器"选项板，
如图 2-35 所示。

Step 02 单击"图层状态管理器"按钮，打开"图层状态管理器"对话框，选择图层后单击"输
出"按钮，如图 2-36 所示。

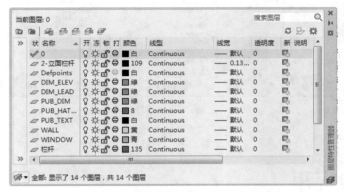

图 2-35 "图层特性管理器"选项板

图 2-36 "图层状态管理器"对话框

Step 03 在弹出的"输出图层状态"对话框中指定好路径、文件名和文件类型，单击"保存"
按钮，如图 2-37 所示。

Step 04 新建空白文件，按照以上的操作打开"图层状态管理器"对话框，单击"输入"按钮，
如图 2-38 所示。

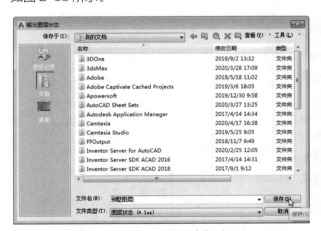

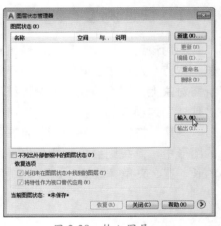

图 2-37 "输出图层状态"对话框

图 2-38 输入图层

Step 05 打开"输入图层状态"对话框，将"文件类型"设置为"图层状态（*.las）"，如图 2-39
所示。

Step 06 选择刚输出的图层文件，单击"打开"按钮，如图 2-40 所示。返回到上一层对话
框，关闭对话框即可完成图层的输出操作。

图 2-39 "输入图层状态"对话框

图 2-40 选择图层文件

2.4 测量工具的应用

使用测量工具可以快速地测量出对象间的距离、角度、半径以及面积等。在"默认"选项卡的"实用工具"面板中单击"测量"下拉按钮，在打开的下拉列表中，用户可以根据需要选中相关的测量工具。

2.4.1 快速测量

利用该工具可以快速地测量出对象的长、宽值。选择该工具后，将光标放置在所需对象上，即可快速得出测量结果。在"默认"选项卡的"实用工具"面板中单击"测量"按钮▭，将光标放置在要测量的图形中，系统则会自动测量出当前图形的长、宽、夹角等数值，如图 2-41 所示。

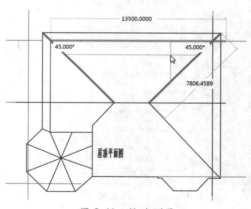
图 2-41 快速测量

2.4.2 测量距离

距离是测量两个点之间的最短长度值，距离查询是最常用的查询方式。在使用距离查询工具时，只需指定要查询距离的两个端点，系统将自动显示出两个点之间的距离，如图 2-42 所示。通过以下方法可以执行"距离"命令。

- 在菜单栏中执行"工具"|"查询"|"距离"命令。
- 在"默认"选项卡的"实用工具"面板中单击"距离"按钮⊨。
- 在命令行中输入 DIST 命令，然后按回车键。
- 在命令行中输入 MEA 命令，选择"距离"选项，然后按回车键。

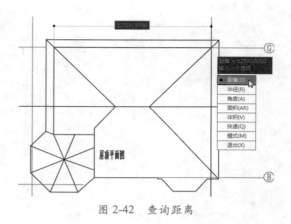

图 2-42　查询距离

2.4.3　测量半径

半径是测量圆或圆弧的半径，也是常用的查询方式。在使用半径查询工具时，只需指定要查询的圆或圆弧图形，系统将自动显示该图形的半径。通过以下方法可以执行"半径"命令。

- 在菜单栏中执行"工具"|"查询"|"半径"命令。
- 在"默认"选项卡的"实用工具"面板中单击"半径"按钮◎。
- 在命令行中输入 MEA 命令，选择"半径"选项，然后按回车键。

2.4.4　测量角度

角度是设计图里面重要的一个维度，一个图形、线段的角度要测量得非常准确精细。在使用角度查询工具时，只需指定要查询的角度，系统将自动显示该角度的度数。通过以下方法可以执行"角度"命令。

- 在菜单栏中执行"工具"|"查询"|"角度"命令。
- 在"默认"选项卡的"实用工具"面板中单击"角度"按钮◺。
- 在命令行中输入 DAN 命令，然后按回车键。
- 在命令行中输入 MEA 命令，选择"角度"选项，然后按回车键。

2.4.5　测量面积/周长

面积工具可以测量对象及所定义区域的面积和周长。使用该工具时，用户需要指定好测量区域的各个测量点，按回车键后即可显示出该区域的面积和周长，如图 2-43 和图 2-44 所示。通过以下方法可以执行"面积"命令。

- 在菜单栏中执行"工具"|"查询"|"面积"命令。
- 在"默认"选项卡的"实用工具"面板中单击"面积"按钮▱。
- 在命令行中输入 AREA 命令，然后按回车键。
- 在命令行中输入 MEA 命令，选择"面积"选项，然后按回车键。

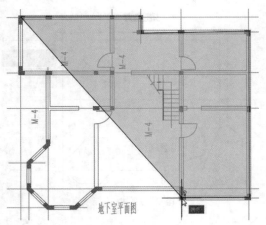

图 2-43 捕捉各个测量点　　　　　　　图 2-44 得出面积和周长值

2.4.6 测量体积

体积工具与面积工具用法相似。在使用该工具时，同样先指定好测量区域的各个测量点，按回车键后输入高度值即可。通过以下方法可以执行"体积"命令。

● 在菜单栏中执行"工具"|"查询"|"体积"命令。
● 在"默认"选项卡的"实用工具"面板中单击"体积"按钮▦。

2.4.7 测量点坐标

利用查询点坐标，可以非常精确地查询到图形中每个点的 X、Y 和 Z 的值。执行该命令后，用户只需捕捉到要查询的点的位置，即可得出该点相应的坐标值。通过下列方式可调用该工具。

● 在菜单栏中执行"工具"|"查询"|"点坐标"命令。
● 在"默认"选项卡的"实用工具"面板中单击"点坐标"按钮▧。

课堂实战　创建建筑总平面图的图层

通过对本章内容的学习，下面将利用"图层特性管理器"选项板创建建筑总平面图的相关图层，具体操作步骤如下。

Step 01 新建空白文件，执行"图层特性"命令，打开"图层特性管理器"选项板，单击"新建图层"按钮，新建"图层 1"，如图 2-45 所示。

Step 02 将"图层 1"命名为"轴线"。单击该图层的"颜色"按钮，在打开的"选择颜色"对话框中选择红色，如图 2-46 所示。

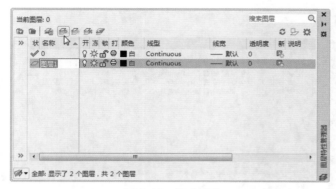

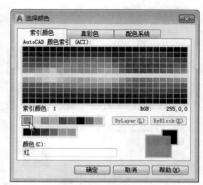

图 2-45　新建图层　　　　　　　　　　　图 2-46　设置图层颜色

Step 03 单击"轴线"图层的"线型"按钮，打开"选择线型"对话框，单击"加载"按钮，如图 2-47 所示。打开"加载或重载线型"对话框，这里选择 ACAD_ISO04W100 线型，如图 2-48 所示。

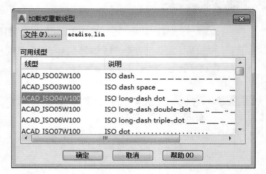

图 2-47　加载线型　　　　　　　　　　　图 2-48　选择线型

Step 04 设置完成后单击"确定"按钮，返回到上一层对话框。选择刚加载的线型，如图 2-49 所示。单击"确定"按钮，完成轴线图层线型的操作，如图 2-50 所示。

图 2-49　选择加载的线型　　　　　　　　图 2-50　完成轴线线型的设置

Step 05 选择 0 图层，再次单击"新建图层"按钮，创建"绿化"图层，并单击其颜色按钮修改颜色，如图 2-51 所示。单击"确定"按钮，完成绿化图层的创建操作，如图 2-52 所示。

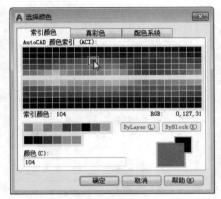

图 2-51 设置绿化图层的颜色　　　　　　　　图 2-52 完成绿化图层的创建

注意事项

　　　　如果在创建"绿化"图层前，选择的是"轴线"图层，那么系统会默认延续"轴线"图层的属性，例如颜色、线型等。也就是说创建的"绿化"图层同样会延续"轴线"图层的属性。

Step 06 按照以上同样的方式继续创建"建筑物""道路""消防""停车场""标注""文字"等图层，如图 2-53 所示。

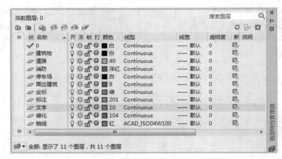

图 2-53 创建其他图层

Step 07 双击"轴线"图层，将其设为当前图层，如图 2-54 所示。

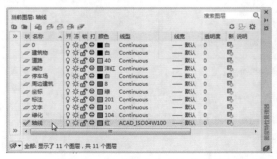

图 2-54 设置轴线层为当前图层

课后作业

为了让用户能够更好地掌握本章所学的知识，下面将安排一些 ACAA 认证考试的参考试题，让用户对所学的知识进行巩固和练习。

一、填空题

1. 利用 _____ 方式选择图形，是通过鼠标拖曳的方法从 _____ 框选，此时矩形窗口内的所有图形将被选中。相反，矩形窗口外的图形则不被选中。

2. _____ 是通过已存在的实体对象的特殊点或特殊位置来确定点的位置，该模式有两种，一种是 _____，另一种是 _____。

3. 图层 _____ 后，该图层上的图形是不会在屏幕上显示或打印输出的。

4. 图层锁定后，用户只能 _____ 或 _____ 位于该图层上的对象，同时也可以在该图层上绘制新的对象，而不能 _____ 或 _____ 位于该图层上的图形，但图形仍可以显示和输出。

二、选择题

1. 当锁定图层后，被锁定的图形将以（　　　）颜色显示。
   A. 红色　　　　　　　　　　　B. 白色
   C. 黑色　　　　　　　　　　　D. 灰色

2. 在使用极轴追踪模式时，用户一定需要指定好（　　　）参数。
   A. 附加角　　　　　　　　　　B. 增量角
   C. 长度　　　　　　　　　　　D. 追踪点

3. 需要捕捉多边形的中心点，则需要启动（　　　）捕捉模式。
   A. 中点　　　　　　　　　　　B. 圆心
   C. 端点　　　　　　　　　　　D. 几何中心

4. 利用（　　　）测量工具可以同时测出图形的长、宽、夹角等距离。
   A. 快速测量　　　　　　　　　B. 夹角
   C. 距离　　　　　　　　　　　D. 面积 / 周长

三、操作题

1．绘制正六边形

本实例将利用极轴追踪功能来绘制正六边形，效果如图 2-55 所示。

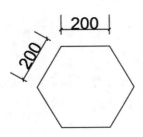

图 2-55　绘制正六边形

⚠ **操作提示：**

Step 01 开启极轴追踪功能，设置增量角为 30°。

Step 02 执行"直线"命令，绘制边长为 200mm 的正六边形。

2．测量室内占地面积

本实例将利用相关的测量命令，测量别墅室内占地面积，效果如图 2-56 所示。

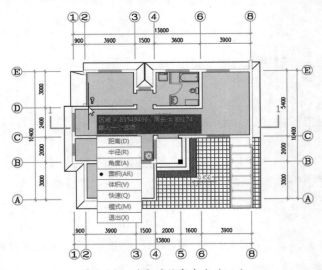

图 2-56　测量别墅室内占地面积

⚠ **操作提示：**

Step 01 执行"面积／周长"命令，捕捉别墅外墙各测量基点。

Step 02 按回车键完成室内占地面积的测量操作。

第3章

二维绘图命令详解

内容导读

　　一些大型图纸看起来非常复杂，其实将这些图纸进行分解后，就会了解这些复杂的图纸也都是由各种点、线、面这 3 种基本图形组成的。所以这 3 种绘图命令是AutoCAD 软件的基本功能。本章将向读者介绍基本二维绘图命令的应用方法，让读者熟悉并掌握建筑制图的绘制方法及技巧，以便能够更好地绘制出复杂的图形。

学习目标

　　▲ 掌握点、线的绘制　　　　　　　　▲ 掌握曲线的绘制

　　▲ 掌握各种绘制命令的使用　　　　　▲ 掌握矩形和多边形的绘制

3.1　点图形的绘制

　　点是所有图形的基础，任何图形都是由无数个点构成的。在 AutoCAD 中，点类型分为两种，分别为单点和多点。下面将对点工具的应用进行介绍。

3.1.1　设置点样式

　　默认情况下，点是以小圆点显示。用户可以通过设置点样式来更改点的显示类型和尺寸。

　　在菜单栏中执行"格式"|"点样式"命令，打开"点样式"对话框，如图 3-1 所示。

在该对话框中，可以根据需要选择相应的点样式。若选中"相对于屏幕设置大小"单选按钮，则在"点大小"文本框中输入的是百分数；若选中"按绝对单位设置大小"单选按钮，则在文本框中输入的是实际单位。

完成上述设置后，执行"点"命令，新绘制的点以及先前绘制的点的样式将会以新的点类型和尺寸显示。

📝 知识点拨

在命令行中输入 DDPTYPE 命令，然后按回车键即可打开"点样式"对话框，框中输入的是实际单位。

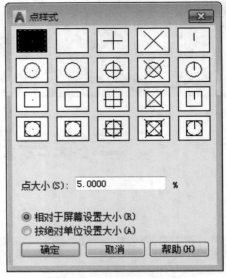

图 3-1 "点样式"对话框

3.1.2 绘制点

设置点样式后，执行"绘图"|"点"|"单点"命令，通过在绘图区中单击鼠标左键或输入点的坐标值指定点，即可绘制单点，如图 3-2 所示。

执行"绘图"|"点"|"多点"命令，即可连续绘制多个点。多点的绘制与单点绘制相同。执行"单点"命令后，一次只能创建一个点；而执行"多点"命令，一次可创建多个点。

在 AutoCAD 中的点主要是起到捕捉定位的作用，基本上不会直接绘制点图形。

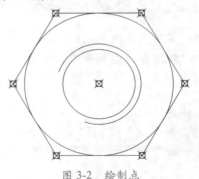

图 3-2 绘制点

3.1.3 为图形进行定数等分

定数等分是将所选对象按指定的线段数目进行平均等分。用户可以通过以下方法执行"定数等分"命令。

- 在菜单栏中执行"绘图"|"点"|"定数等分"命令。
- 在"默认"选项卡的"绘图"面板中单击"定数等分"按钮 。
- 在命令行中输入 DIVIDE 命令，然后按回车键。

执行以上任意一项操作后，用户可根据命令行提示的内容进行操作，如图 3-3 和图 3-4 所示。需要注意的是，定数等分操作并不将对象实际等分为单独的对象，它仅仅是标明定数等分点的位置，以便将它们作为几何参考点。

命令行提示如下：

```
命令：_divide
选择要定数等分的对象：          （选择对象）
输入线段数目或［块(B)］：5      （输入等分数量，按回车键）
```

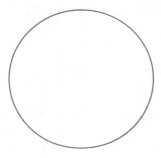
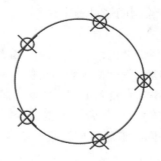

图 3-3　未等分前的效果　　　　图 3-4　定数等分后的效果

3.1.4　为图形进行定距等分

定距等分可以从选定对象的某一个端点开始，按照指定的长度开始划分，从而等分图形。但被等分的对象最后一段可能要比指定的间隔短。用户可以通过以下方法执行"定距等分"命令。

● 在菜单栏中执行"绘图"|"点"|"定距等分"命令。
● 在"默认"选项卡的"绘图"面板中单击"定距等分"按钮 。
● 在命令行中输入 MEASURE 命令，然后按回车键。

执行以上任意一种操作后，根据命令行的提示，先选择要等分的图形，然后输入等分线段的长度，按回车键即可，如图 3-5 所示。

命令行提示如下：

```
命令：_measure
选择要定距等分的对象：          （选择等分图形）
指定线段长度或［块(B)］：600    （输入等分线段长度，按回车键）
```

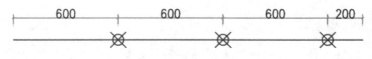

图 3-5　定距等分后的效果

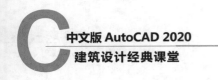
3.2 线段类图形的绘制

AutoCAD 的线条类型有多种，其中包括直线、射线、构造线、多线以及多段线等。下面将分别对这些线段的绘制方法进行介绍。

3.2.1 绘制直线

直线是在绘制图形过程中最基本、常用的绘图命令。在 AutoCAD 中用户可以通过以下方法执行"直线"命令。

- 在菜单栏中执行"绘图"|"直线"命令。
- 在"默认"选项卡的"绘图"面板中单击"直线"按钮 ╱。
- 在命令行中输入 LINE 命令，然后按回车键。

执行"直线"命令后，根据命令行中的提示，先指定直线的起点，然后输入直线的长度值，按回车键后完成线段的绘制。

3.2.2 绘制射线

射线是以一个起点为中心，向某一方向无限延伸的直线。射线常用来绘制辅助线，例如地平线、结构图形的延长线等。用户可以通过以下方法执行"射线"命令。

- 在菜单栏中执行"绘图"|"射线"命令。
- 在"默认"选项卡的"绘图"面板中单击"射线"按钮 ╱。
- 在命令行中输入 RAY 命令，然后按回车键。

执行"射线"命令后，先指定射线的起点，再指定通过点绘制一条射线，如图 3-6 所示。用户可以连续指定不同方向的点，绘制多条射线，直到按 Esc 键或按回车键退出操作为止，如图 3-7 所示。

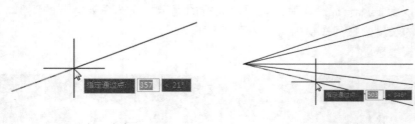

图 3-6　绘制一条射线　　　　　　图 3-7　绘制多条射线

3.2.3 绘制构造线

构造线与射线不同，它是两端无限延伸的线，同样可作为绘图参照线来使用。利用构造线可以绘制出水平、垂直或者具有一定角度的辅助线。用户可以通过以下方法执行"构造线"命令。

- 在菜单栏中执行"绘图"|"构造线"命令。
- 在"默认"选项卡的"绘图"面板中单击"构造线"按钮 。
- 在命令行中输入 XLINE 命令，然后按回车键。

执行"构造线"命令后，先指定好构造线的起点位置，然后再指定构造线延伸方向上的一点即可绘制构造线，如图 3-8 所示，直到按 Esc 键退出操作为止。

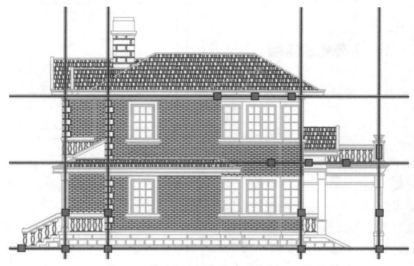

图 3-8 利用构造线定位建筑楼板及立柱

3.2.4 绘制与编辑多线

多线是一种由两条以上的平行线组成的线段。每条平行线之间的间距和平行线的数目都是可以更改的。在绘制建筑墙体或者门窗图形时会使用多线命令。用户可以通过以下方法执行"多线"命令。

- 在菜单栏中执行"绘图"|"多线"命令。
- 在命令行中输入快捷命令 ML，然后按回车键。

执行"多线"命令后，根据命令行中的提示，可以对其多线的对齐点、比例以及样式进行相关设置，然后再指定多线的起点，并捕捉下一点绘制多线，如图 3-9 和图 3-10 所示。

```
命令：ML
MLINE
当前设置：对正 = 上，比例 = 1.00，样式 = STANDARD
指定起点或 [对正 (J)/比例 (S)/样式 (ST)]：  j  （选择"对正"选项，按回车键）
输入对正类型 [上 (T)/无 (Z)/下 (B)] <上>：  Z  （选择对齐类型：无，按回车键）
当前设置：对正 = 无，比例 = 1.00，样式 = STANDARD
指定起点或 [对正 (J)/比例 (S)/样式 (ST)]：  s  （选择"比例"选项，按回车键）
输入多线比例 <1.00>：  200  （输入比例值，按回车键）
```

当前设置：对正 = 无，比例 = 200.00，样式 = STANDARD
指定起点或 ［对正 (J) / 比例 (S) / 样式 (ST)］：（指定多线的起点）
指定下一点：（指定下一点）
指定下一点或 ［放弃 (U)］：
指定下一点或 ［闭合 (C) / 放弃 (U)］：（输入 C，闭合多线）

图 3-9　绘制多线

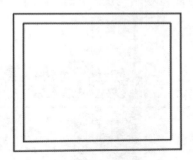

图 3-10　闭合多线

　　如果需要对多线的样式进行更改，可以执行菜单栏中的"格式"|"多线样式"命令，在打开的"多线样式"对话框中进行设置，如图 3-11 所示。

　　"多线样式"对话框中的各选项含义说明如下。

● 置为当前：将当前选中的样式设置为当前使用样式。

● 新建：用于新建多线样式。单击此按钮，可打开"创建新的多线样式"对话框，
　　如图 3-12 所示。

图 3-11　"多线样式"对话框

图 3-12　"创建新的多线样式"对话框

● 修改：在"样式"列表中选择所需的样式，可对其进行修改。

● 重命名：对选中的样式进行重命名设置。

● 删除：删除多余的样式。基础样式以及当前所使用的样式是无法删除的。

● 加载：从多线文件中加载已定义的多线。单击此按钮，可打开"加载多线样式"
　　对话框，如图 3-13 所示。

● 保存：用于将当前的多线样式保存到多线文件中。单击此按钮，可打开"保存多线样式"对话框，从中可对文件的保存位置与名称进行设置。

在"创建新的多线样式"对话框中输入样式名后，单击"继续"按钮即可打开"新建多线样式"对话框，在该对话框中可设置多线样式的特性，如填充颜色、多线颜色、线型等，如图 3-14 所示。

下面将对"新建多线样式"对话框中各选项进行简单说明。

● "说明"文本框：为多线样式添加说明。

图 3-13　"加载多线样式"对话框

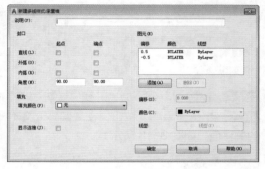
图 3-14　"新建多线样式"对话框

● 封口：该选项组用于设置多线起点和端点处的封口样式。"直线"表示多线起点或端点处以一条直线封口；"外弧"和"内弧"选项表示起点或端点处以外圆圆弧或内圆弧封口；"角度"选项用于设置圆弧包角。

● 填充：该选项组用于设置多线之间内部区域的填充颜色，可以通过"选择颜色"对话框选取或配置颜色系统。

● 图元：该选项组用于显示并设置多线的平行数量、距离、颜色和线型等属性。"添加"可向其中添加新的平行线；"删除"可删除选取的平行线；"偏移"文本框用于设置平行线相对于多线中心线的偏移距离；"颜色"和"线型"选项组用于设置多线显示的颜色或线型。

实例：新建"窗"多线样式

默认状态下多线只显示两条平行线，有时需要根据绘图要求绘制三条、四条，甚至更多条平行线，这时就需要对其样式进行一番设置。下面将以创建窗户样式为例，来介绍具体设置方法。

Step 01 打开本书配套的素材文件。在菜单栏中执行"格式"|"多线样式"命令，打开"多线样式"对话框，单击"新建"按钮，在打开的"创建新的多线样式"对话框中输入样式名"窗"，如图 3-15 所示。

Step 02 设置完成后单击"继续"按钮，打开"新建多线样式"对话框，在"图元"列表中选中 0.5 偏移值，在下方"偏移"的文本框中输入 80，此时已经被选中的 0.5 参数将随之更改为 80，如图 3-16 所示。

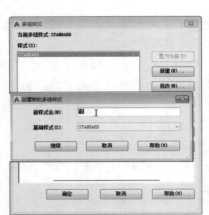

图 3-15　创建窗样式名称

图 3-16　设置图元偏移值

Step 03 选中 -0.5 偏移值，并在"偏移"文本框中输入 -80，如图 3-17 所示。

Step 04 单击"添加"按钮，在"偏移"文本框中输入 40，按照同样的操作，再添加一个 -40 的偏移值，如图 3-18 所示。

图 3-17　设置其他图元偏移值

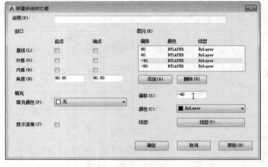

图 3-18　添加图元偏移值

Step 05 设置完成后单击"确定"按钮，返回至上一层对话框，单击"置为当前"按钮，将其样式设为当前使用样式，如图 3-19 所示。

Step 06 在命令行中输入 ML 快捷命令，启动多线工具，将"对正"设为"无"，将"比例"设为 1，捕捉窗洞起点和端点，即可绘制窗户图形，如图 3-20 所示。

命令行提示如下：

```
命令：ML
MLINE
当前设置：对正 = 上，比例 = 20.00，样式 = 窗
指定起点或 [对正 (J) / 比例 (S) / 样式 (ST)]：j （选择"对正"选项，按回车键）
输入对正类型 [上 (T) / 无 (Z) / 下 (B)] <上>：z （选择"无"选项，按回车键）
当前设置：对正 = 无，比例 = 20.00，样式 = 窗
指定起点或 [对正 (J) / 比例 (S) / 样式 (ST)]：s （选择"比例"选项，按回车键）
输入多线比例 <20.00>：1 （输入比例值，按回车键）
当前设置：对正 = 无，比例 = 1.00，样式 = 窗
```

指定起点或 ［对正 (J) / 比例 (S) / 样式 (ST)］：（捕捉窗洞起点）
指定下一点：（捕捉窗洞端点，按回车键完成绘制）
指定下一点或 ［放弃 (U)］：

图 3-19　将样式置为当前

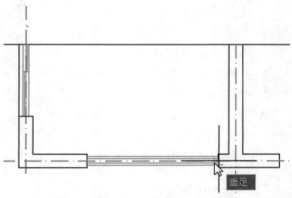

图 3-20　使用多线命令绘制窗户

Step 07 继续按回车键，再次启动多线命令，绘制其余窗户图形。

知识点拨

　　如果创建了多个多线样式的话，用户可利用命令行对其样式进行切换操作。在命令行中输入 ML 快捷命令后输入 ST（样式），按回车键并输入要切换的样式名称，再次按回车键即可切换成功。

　　多线绘制完成后，经常需要对其进行适当的修剪。在 AutoCAD 中，用户可以利用多线编辑工具对其进行设置。用户可以通过以下方式编辑多线。

● 在菜单栏中执行"修改"|"对象"|"多线"命令。

● 在命令行中输入 MLEDIT 命令并按回车键。

● 双击绘制的多线。

　　执行以上任意一项操作，均会打开"多线编辑工具"对话框，该对话框提供了 12 个编辑多线的选项，如图 3-21 所示。利用这些选项可以对十字形、T 形及有拐角和顶点的多线进行编辑，还可以截断和连接多线。

　　其中，7 个工具用于编辑多线交点，其功能介绍如下。

● 十字闭合：在两条多线间创建一个十字闭合的交点。选择的第一条多线将被剪切。

● 十字打开：在两条多线间创建一个十字打开的交点。如果选择的第一条多线的元素超过两个，则内部元素也被剪切。

● 十字合并：在两个多线间创建一
个十字合并的交点。与所选多线
的顺序无关。

● T形闭合：在两条多线间创建一
个T形闭合交点。

● T形打开：在两条多线间创建一
个T形打开交点。

● T形合并：在两条多线间创建一
个T形合并交点。

● 角点结合：在两条多线间创建一
个角点结合，修剪或拉伸第一条
多线与第二条多线相交。

图 3-21　"多线编辑工具"对话框

3.2.5　绘制与编辑多段线

多段线相对来说是比较灵活的线段。用户可以一次性绘制出直线和圆弧这两种不同属性的线段。除此之外，在绘制多段线时，还可以调整多段线的线宽。

用户可以通过以下方法执行"多段线"命令。

● 在菜单栏中执行"绘图"|"多段线"命令。

● 在"默认"选项卡的"绘图"面板中单击"多段线"按钮 。

● 在命令行中输入 PLINE 命令，然后按回车键。

执行"多段线"命令后，用户可以根据命令行中的提示信息进行操作。在绘制的过程中，用户可以随时选择命令行中的设置选项来改变线段的属性。

命令行提示如下：

```
命令：_pline
指定起点：              （指定多段线起始点）
当前线宽为 0.0000
指定下一个点或 ［圆弧(A)/半宽(H)/长度(L)/放弃(U)/宽度(W)］：    （指定下一点，
直至结束）
```

命令行中各选项的含义介绍如下。

● 圆弧：以圆弧的方式绘制多段线。

● 半宽：可以指定多段线的起点和终点半宽值。

● 长度：定义下一段多段线的长度。

● 放弃：撤销上一步操作。

● 宽度：可以设置多段线起点和端点的宽度。

实例：绘制别墅散水图形

下面将利用多段线功能来绘制别墅底层平面图中的散水图形，其具体操作步骤如下。

Step 01 打开本书配套的素材文件。执行"多段线"命令，指定多段线起点，如图 3-22 所示。

Step 02 指定起点后将光标向上移动，并输入长度值 700，如图 3-23 所示。

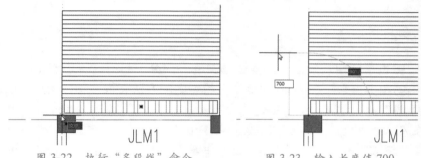

图 3-22 执行"多段线"命令   图 3-23 输入长度值 700

Step 03 将光标向左移动，输入长度值 900 并按回车键，如图 3-24 所示。

Step 04 将光标向下移动，输入长度值 14300 并按回车键，如图 3-25 所示。

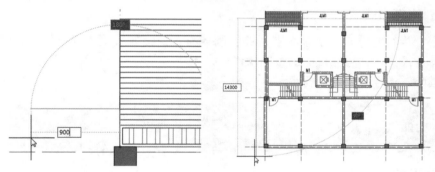

图 3-24 绘制长为 900 的多段线   图 3-25 绘制长为 14300 的多段线

Step 05 将光标向右移动，输入长度值为 17500，按回车键后向上移动光标，输入 14300 并按回车键，再向左移动光标并输入 1000，最后向下移动光标，输入 700 并按回车键，效果如图 3-26 所示。

Step 06 执行"直线"命令，捕捉每个角点，绘制 4 个角的斜线，完成散水图形的绘制操作，如图 3-27 所示。

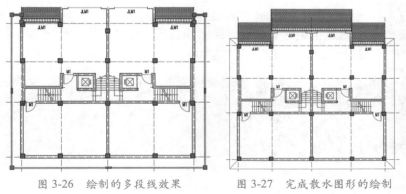

图 3-26 绘制的多段线效果   图 3-27 完成散水图形的绘制

3.3　曲线类图形的绘制

　　以上介绍的是直线、线段类工具的使用方法。本小节将向用户介绍曲线类图形工具的使用方法，其中包括圆、圆弧、椭圆、样条曲线等。

3.3.1　绘制圆

　　圆和圆弧也是常用功能之一，圆弧是圆的一部分。利用这些功能命令，可以绘制出很多优美的图案出来。在 AutoCAD 中，绘制圆的方法有很多种，用户可以通过以下方法执行"圆"命令。

- 在菜单栏中执行"绘图"|"圆"命令中的子命令。
- 在"默认"选项卡的"绘图"面板中单击"圆"下拉按钮，在展开的下拉列表中将显示 6 种绘制圆的按钮，从中选择合适方式即可。
- 在命令行中输入快捷命令 C，然后按回车键。

1. 圆心、半径方式

　　圆心、半径⊙的方式是系统默认绘制圆的方式。该方式是先确定圆心，然后输入半径或者直径值，即可完成圆的绘制操作。

　　"圆心，半径"的命令行提示内容如下：

```
命令：_circle
指定圆的圆心或 [三点 (3P) / 两点 (2P) / 切点、切点、半径 (T)]:　　(指定圆心)
指定圆的半径或 [直径 (D)]:　　(输入圆半径值，按回车键)
```

> **知识点拨**
>
> 　　用户也可以在命令行中输入 D（直径）命令，并输入直径数值，以确定直径的方式来绘制圆。

2. 三点方式

　　三点方式是指随意指定三点位置，或者捕捉图形上的三点来绘制圆，如图 3-28 和图 3-29 所示。"三点"的命令行提示内容如下：

```
命令：_circle
指定圆的圆心或 [三点 (3P) / 两点 (2P) / 切点、切点、半径 (T)]:_3p 指定圆上的第一个点：
(指定第 1 点)
指定圆上的第二个点：(指定第 2 点)
指定圆上的第三个点：(指定第 3 点)
```

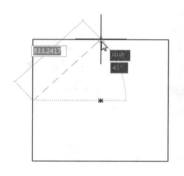
图 3-28　指定第 1 点和第 2 点

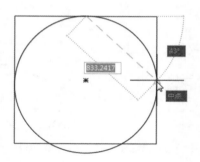
图 3-29　指定第 3 点绘制圆

3. 相切、相切、半径方式

该方式是利用指定图形的两个切点，并确定圆半径值绘制圆，如图 3-30~ 图 3-32 所示。"相切，相切，半径"的命令行提示内容如下：

```
命令：_circle
指定圆的圆心或 [三点(3P)/两点(2P)/切点、切点、半径(T)]：_ttr
指定对象与圆的第一个切点：　（指定两个切点）
指定对象与圆的第二个切点：
指定圆的半径 <200.0000>：500（输入圆半径值，按回车键）
```

在绘制圆的过程中，如果指定的圆半径或直径的值无效，系统会提示"需要数值距离或第二点""值必须为正且非零"等信息，或提示重新输入，或者退出该命令。

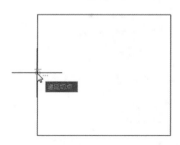
图 3-30　指定第 1 个切点

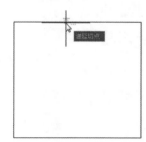
图 3-31　指定第 2 个切点

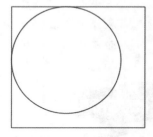
图 3-32　输入圆半径值

4. 相切、相切、相切方式

执行"相切，相切，相切"命令后，利用鼠标来拾取已知 3 个图形的切点，从而完成圆形的绘制，如图 3-33~ 图 3-35 所示。命令行提示内容如下：

```
命令：_circle
指定圆的圆心或 [三点(3P)/两点(2P)/切点、切点、半径(T)]：_3p 指定圆上的第一个点：
_tan 到　（指定第 1 个切点）
指定圆上的第二个点：_tan 到　（指定第 2 个切点）
指定圆上的第三个点：_tan 到　（指定第 3 个切点）
```

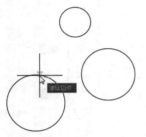 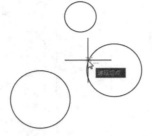 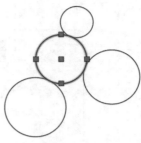

图 3-33　指定第 1 个切点　　　图 3-34　指定第 2 个切点　　　图 3-35　指定第 3 个切点

3.3.2　绘制圆弧

绘制圆弧一般需要指定三个点，圆弧的起点、圆弧上的点和圆弧的端点。在 11 种绘制方式中，"三点"命令为系统默认绘制方式。

用户可以通过以下方法执行"圆弧"命令。

- 在菜单栏中执行"绘图"|"圆弧"命令的子命令。
- 在"默认"选项卡的"绘图"面板中单击"圆弧"下拉按钮，在展开的下拉列表中选择合适方式即可，如图 3-36 所示。

图 3-36　绘制圆弧的命令

注意事项

在使用"相切，相切，半径"命令时，需要先指定与圆相切的两个对象，系统总是在距拾取点最近的位置绘制相切的圆。拾取相切对象时，所拾取的位置不同，最后得到的结果可能也不同。

下面将对圆弧列表中几种常用命令的功能进行详细介绍。

- 三点：通过指定三个点来创建一条圆弧曲线。第一个点为圆弧的起点，第二个点为圆弧上的点，第三个点为圆弧的端点。
- 起点，圆心，端点：指定圆弧的起点、圆心和端点绘制。
- 起点，圆心，角度：指定圆弧的起点、圆心和角度绘制。在输入角度值时，若当前环境设置的角度方向为逆时针方向，且输入的角度值为正，则从起始点绕圆心沿逆时针方向绘制圆弧；若输入的角度值为负，则沿顺时针方向绘制圆弧。

● 起点，圆心，长度：指定圆弧的起点、圆心和长度绘制圆弧。所指定的弦长不能超过起点到圆心距离的两倍。如果弦长的值为负值，则该值的绝对值将作为对应整圆的空缺部分圆弧的弦长。

● 圆心，起点命令组：指定圆弧的圆心和起点后，再根据需要指定圆弧的端点，或角度或长度即可绘制。

● 连续：使用该方法绘制的圆弧将与最后一个创建的对象相切。

3.3.3　绘制椭圆

椭圆曲线有长半轴和短半轴之分，长半轴与短半轴的值决定了椭圆曲线的形状。设置椭圆的起始角度和终止角度可以绘制椭圆弧。用户可以通过以下方法执行"椭圆"命令。

● 在菜单栏中执行"绘图"|"椭圆"命令的子命令。

● 在"默认"选项卡的"绘图"面板中单击"椭圆"下拉按钮，在展开的下拉列表中将显示 3 种绘制椭圆的按钮，从中选择合适方式即可。

● 在命令行中输入快捷命令 EL，然后按回车键。

1. 圆心方式

圆心方式是通过指定椭圆的圆心、长半轴的端点以及短半轴的长度绘制椭圆。执行"圆心"命令后，命令行提示内容如下：

```
命令：_ellipse
指定椭圆的轴端点或 [圆弧(A)/中心点(C)]：_c
指定椭圆的中心点：（指定椭圆中心位置）
指定轴的端点：（指定椭圆长半轴长度）
指定另一条半轴长度或 [旋转(R)]：（指定椭圆短半轴长度）
```

2. 轴，端点方式

该方式是在绘图区域直接指定椭圆一轴的两个端点，并输入另一条半轴的长度，即可完成椭圆的绘制。执行"轴，端点"命令后，命令行提示内容如下：

```
命令：_ellipse
指定椭圆的轴端点或 [圆弧(A)/中心点(C)]：（指定好两个端点位置）
指定轴的另一个端点：
指定另一条半轴长度或 [旋转(R)]：（指定好短半轴长度）
```

3. 绘制椭圆弧

椭圆弧是椭圆的部分弧线。指定圆弧的起始角和终止角，即可绘制椭圆弧。用户可以通过以下方法执行"椭圆弧"命令。

● 执行"绘图"|"椭圆"|"椭圆弧"命令。
● 在"默认"选项卡的"绘图"面板中单击"椭圆"下拉按钮，在展开的下拉列表中选择"椭圆弧"按钮⌒。

执行以上任意一种操作后，用户可以根据命令行中的提示进行操作。

命令行提示内容如下：

```
命令：_ellipse
指定椭圆的轴端点或 ［圆弧 (A) / 中心点 (C)］：_a
指定椭圆弧的轴端点或 ［中心点 (C)］：（指定椭圆一侧端点）
指定轴的另一个端点：（指定椭圆另一侧端点）
指定另一条半轴长度或 ［旋转 (R)］：（指定椭圆短半轴长度）
指定起点角度或 ［参数 (P)］：（指定椭圆弧起点）
指定端点角度或 ［参数 (P) / 夹角 (I)］：（指定椭圆弧端点）
```

其中，命令行中部分选项功能介绍如下：

● 指定起点角度：通过给定椭圆弧的起点角度来确定椭圆弧，命令行将提示"指定端点角度或［参数 (P) / 夹角 (I)］："。其中，选择"指定端点角度"选项，确定椭圆弧另一端点的位置；选择"参数"选项，系统将通过参数确定椭圆弧的另一个端点的位置；选择"夹角"选项，系统将根据椭圆弧的夹角来确定椭圆弧。

● 参数：通过给定的参数来确定椭圆弧，命令行将提示"指定起点参数或［角度 (A)］："。其中，选择"角度"选项，将切换到用角度来确定椭圆弧的方式；如果输入参数，系统将使用公式 $P(n)=c+a*\cos(n)+b*\sin(n)$ 来计算椭圆弧的起始角。其中，n 是参数，c 是椭圆弧的半焦距，a 和 b 分别是椭圆的长半轴与短半轴的轴长。

3.3.4　绘制圆环

圆环是由两个圆心相同、半径不同的圆组成。圆环分为填充环和实体填充圆，即带有宽度的闭合多段线。可通过以下方法执行"圆环"命令。

● 在菜单栏中执行"绘图"|"圆环"命令。
● 在"默认"选项卡的"绘图"面板中单击"圆环"按钮◎。
● 在命令行中输入快捷命令 DO，然后按回车键。

执行以上任意一种操作后，用户可以根据命令行中的提示进行操作。

命令行提示内容如下：

```
命令：_donut
指定圆环的内径 <0.5000>：50　（输入圆环内部直径参数）
指定圆环的外径 <1.0000>：100　（输入圆环外部直径参数）
指定圆环的中心点或 <退出>：（指定圆环中心位置）
指定圆环的中心点或 <退出>：（按 Esc 键，退出操作）
```

3.3.5 绘制与编辑样条曲线

样条曲线是通过一系列指定点的光滑曲线，用来绘制不规则的曲线图形。用户可以通过以下方法调用"样条曲线"命令。

- 在菜单栏中执行"绘图"|"样条曲线"命令。
- 在"默认"选项卡的"绘图"面板中单击"样条曲线拟合"按钮 或"样条曲线控制点"按钮 。
- 在命令行中输入快捷命令 SPL，然后按回车键。

执行"样条曲线"命令后，根据命令行提示，依次指定起点、中间点和终点，即可绘制出样条曲线，如图 3-37 所示。

待样条曲线绘制完毕之后，可对其进行修改。用户可以通过以下方法执行"编辑样条曲线"命令。

- 在菜单栏中执行"修改"|"对象"|"样条曲线"命令。

- 在"默认"选项卡的"修改"面板中单击"编辑样条曲线"按钮 。

- 在命令行中输入 SPLINEDIT 命令，然后按回车键。

- 双击样条曲线。

执行"编辑样条曲线"命令后，命令行提示内容如下：

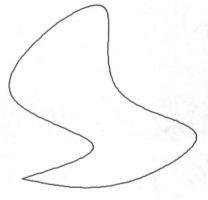

图 3-37 绘制样条曲线

```
命令：_splinedit
选择样条曲线：
输入选项 [闭合 (C) / 合并 (J) / 拟合数据 (F) / 编辑顶点 (E) / 转换为多段线 (P) / 反转 (R) /
放弃 (U) / 退出 (X)] <退出>
```

命令行中各选项的含义介绍如下。

- 闭合：用于封闭样条曲线。如样条曲线已封闭，此处显示"打开 (O)"，用于打开封闭的样条曲线。

- 合并：用于闭合两条或两条以上的开放曲线。

- 拟合数据：用于修改样条曲线的拟合点。其中各个子选项的含义为："添加"表示将拟合点添加到样条曲线；"闭合"表示闭合样条曲线两个端点；"删除"表示删除该拟合点或节点；"扭折"表示在样条曲线上的指定位置添加节点和拟合点，这将不会保持在该点的相切或曲率连续性；"移动"表示移动拟合点到新位置；"切线"表示修改样条曲线的起点和端点切向；"公差"表示使用新的公差值，将样条曲线重新拟合至现有的拟合点。

● 编辑顶点：移动样条曲线的控制点，调节样条曲线的形状。其中子选项的含义为："添加"用于添加顶点；"删除"用于删除顶点；"提高阶数"用于增大样条曲线的多项式阶数（阶数为 4~26 之间的整数）；"移动"用于重新定位选定的控制点；"权值"用于根据指定控制点的新权值重新计算样条曲线。权值越大，样条曲线越接近控制点。

● 转换为多段线：用于将样条曲线转化为多段线。

● 反转：反转样条曲线的方向，使起点和终点互换。

实例：完善建筑阳台大样图

在绘制施工图时，经常需要对图纸中某个局部进行放大处理，从而让他人能够快速了解到该部位的结构及施工工艺。下面将以完善建筑阳台大样图为例，来介绍样条曲线在图纸中的应用。

Step 01 ▶ 打开本书配套的素材文件。执行"圆"命令，绘制一个半径为 500mm 的圆形，并将其放置在阳台平面左上角合适位置，如图 3-38 所示。

命令行提示内容如下：

```
命令：_circle
指定圆的圆心或 ［三点 (3P) / 两点 (2P) / 切点、切点、半径 (T)］：    （指定圆心位置）
指定圆的半径或 ［直径 (D)］ <600.0000>: 500    （输入圆半径值 500，按回车键）
```

Step 02 ▶ 继续执行"圆"命令，再绘制一个半径为 1100mm 的圆形，并将其放置在大样图合适位置。尽量将大样图内容都显示在圆圈内，如图 3-39 所示。

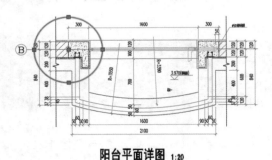

阳台平面详图 1:20

图 3-38　绘制半径为 500 的圆

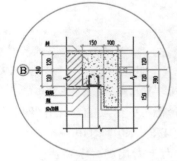

图 3-39　绘制半径为 1100 的圆

Step 03 ▶ 执行"样条曲线拟合"命令，捕捉大圆右侧的象限点作为样条线的起点，移动光标并指定好下一点，直到捕捉小圆左侧象限点，按回车键完成大样图引线的绘制，如图 3-40 所示。

Step 04 ▶ 选中绘制的引线，单击▼按钮，选择"控制点"选项，如图 3-41 所示。

Step 05 ▶ 选中所需调整的控制点，将其移动至满意位置，如图 3-42 所示。

Step 06 ▶ 单击后完成该控制点的操作。按照同样的方法调整其他控制点，完成后按 ESC 键即可，如图 3-43 所示。

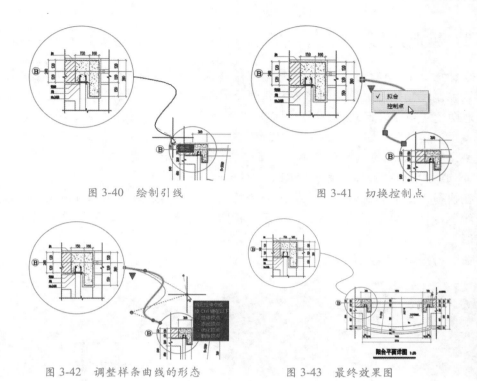

图 3-40　绘制引线　　　　　　　　　　　图 3-41　切换控制点

图 3-42　调整样条曲线的形态　　　　　　图 3-43　最终效果图

3.3.6　绘制修订云线

修订云线是由连续的圆弧组成的多段线，主要用于在检查阶段提醒用户注意图形的某个部分。用户可以通过以下方法执行"修订云线"命令。

- 在菜单栏中执行"绘图"|"修订云线"命令。
- 在"默认"选项卡的"绘图"面板中单击"修订云线"下拉按钮，展开下拉列表，从中根据需要选择"矩形修订云线""多边形修订云线"以及"徒手画"3 种方式。
- 在"注释"选项卡的"标记"面板中单击"修订云线"下拉按钮，展开下拉列表，从中选择合适的命令。
- 在命令行中输入 REVCLOUD 命令，然后按回车键。

执行以上任意一种操作后，用户可以根据命令行中的提示信息进行操作。

命令行提示内容如下：

```
命令：_revcloud
最小弧长：0.5　　最大弧长：0.5　　样式：普通　　类型：矩形
指定第一个角点或 [弧长(A)/对象(O)/矩形(R) 多边形(P) 徒手画(F) 样式(S) 修改(M)]
<对象>：
```

3.4　闭合类图形的绘制

闭合类图形主要指的是矩形和多边形这两个图形。在 AutoCAD 中也是使用率比较高的图形之一。下面将为用户介绍矩形和正多边形的绘制方法和技巧。

3.4.1 绘制矩形

默认情况下，通过指定矩形的两个对角点位置即可绘制一个矩形。除此之外用户还可以绘制倒角矩形、圆角矩形以及带有不同边宽的矩形。无论什么类型的矩形，都是通过两个对角点来定义的。用户可以通过以下方法执行"矩形"命令。

- 在菜单栏中执行"绘图"|"矩形"命令。
- 在"默认"选项卡的"绘图"面板中单击"矩形"按钮□。
- 在命令行中输入快捷命令 REC，然后按回车键。

在执行"矩形"命令后，先指定一个角点，随后指定另外一个对角点，即可完成矩形绘制操作。也可以根据命令行提示，指定起点、矩形尺寸，即可绘制出所需的矩形图形。

命令行提示内容如下：

```
命令：_rectang
指定第一个角点或 [倒角(C)/标高(E)/圆角(F)/厚度(T)/宽度(W)]：（指定矩形的起点）
指定另一个角点或 [面积(A)/尺寸(D)/旋转(R)]：d （选择"尺寸"选项）
指定矩形的长度 <200.0000>：600 （输入长度）
指定矩形的宽度 <600.0000>：850 （输入宽度）
指定另一个角点或 [面积(A)/尺寸(D)/旋转(R)]：（单击任意点，完成操作）
```

执行"矩形"命令后，在命令行输入 C 命令并按回车键，选择"倒角"选项，然后设置倒角距离，即可绘制倒角矩形，如图 3-44 所示。

命令行提示内容如下：

```
命令：_rectang
指定第一个角点或 [倒角(C)/标高(E)/圆角(F)/厚度(T)/宽度(W)]：C（选择"倒角"选项，按回车键）
指定矩形的第一个倒角距离 <0.0000>：100                （设置两个倒角距离）
指定矩形的第二个倒角距离 <0.0000>：100
指定第一个角点或 [倒角(C)/标高(E)/圆角(F)/厚度(T)/宽度(W)]：（指定矩形的起点）
指定另一个角点或 [面积(A)/尺寸(D)/旋转(R)]：d （选择"尺寸"选项）
指定矩形的长度 <200.0000>：850 （输入长度）
指定矩形的宽度 <600.0000>：600 （输入宽度）
指定另一个角点或 [面积(A)/尺寸(D)/旋转(R)]：（单击任意点，完成操作）
```

若在命令行中输入 F 命令并按回车键，选择"圆角"选项，然后设置圆角半径，按回车键并设定好矩形的长、宽值，即可绘制出圆角矩形，如图 3-45 所示。

命令行提示内容如下：

```
命令：_rectang
指定第一个角点或 [倒角(C)/标高(E)/圆角(F)/厚度(T)/宽度(W)]：F （选择"圆角"选项，按回车键）
指定矩形的圆角半径 <0.0000>：100                （输入圆角半径值，按回车键）
```

若在命令行中输入 W 命令并按回车键，选择"宽度"选项，然后设置好边宽的数值，按回车键并设定好矩形的长、宽值，即可绘制出带边宽的矩形，如图 3-46 所示。

命令行提示内容如下：

```
命令：_rectang
当前矩形模式：  圆角 =100
指定第一个角点或 ［倒角 (C) / 标高 (E) / 圆角 (F) / 厚度 (T) / 宽度 (W)］：w   （选择"宽度"
选项，按回车键）
指定矩形的线宽 <0>：50      （输入宽度值，按回车键）
```

图 3-44 倒角矩形   图 3-45 圆角矩形   图 3-46 边宽为 50 的圆角矩形

注意事项

矩形命令具有继承性，即绘制矩形时，前一个命令设置的各项参数始终起作用，直至修改该参数或者重新启动 AutoCAD 软件。

3.4.2 绘制正多边形

正多边形是由多条边长相等的闭合线段组合而成的，其各边相等，各角也相等。默认情况下，正多边形的边数为 4。用户可以通过以下方法执行"多边形"命令。

● 在菜单栏中执行"绘图"|"多边形"命令。
● 在"默认"选项卡的"绘图"面板中单击"多边形"按钮⬠。
● 在命令行中输入快捷命令 POL，然后按回车键。

执行以上任意一种操作后，用户可以根据命令行中的提示，先输入多边形的边数，然后指定好多边形的中心点，再选择内接圆或外接圆选项，指定好圆的半径值即可。

命令行提示内容如下：

```
命令：_polygon 输入侧面数 <4>：5          （输入多边形边数）
指定正多边形的中心点或 ［边 (E)］：        （指定多边形中心位置）
输入选项 ［内接于圆 (I) / 外切于圆 (C)］ <I>：（选择内接于圆或外切于圆）
指定圆的半径：      （输入圆半径值）
```

命令行中"内接于圆"模式是先确定正多边形中心位置，然后输入内接圆的半径。所输入的半径值是多边形的中心点到多边形任意端点间的距离，整个多边形位于一个虚拟的圆中，如图 3-47 所示。而"外切于圆"模式也是先确定正多边形中心位置，再输入圆的半径，但所输入的半径值为多边形的中心点到边线中点的垂直距离，如图 3-48 所示。

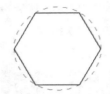

图 3-47　内接于圆的正六边形　　　　　　图 3-48　外切于圆的正七边形

课堂实战　绘制别墅一层外墙线

在学习了本章内容后，下面通过具体案例练习来巩固所学的知识。本实例将利用多线命令来绘制别墅外墙线。

Step 01 打开本书配套的素材文件。在菜单栏中执行"格式"|"多线样式"命令，打开"多线样式"对话框，单击"新建"按钮，新建"240 墙"样式，如图 3-49 所示。

Step 02 单击"继续"按钮，打开"新建多线样式"对话框，选中直线的"起点"和"端点"复选框，如图 3-50 所示。

图 3-49　新建"240 墙"样式　　　　　　图 3-50　设置多线样式

Step 03 单击"确定"按钮，返回至上一层对话框，单击"置为当前"按钮，将当前多线样式设为当前样式，如图 3-51 所示。

Step 04 执行"多线"命令，根据命令行中的提示，将"对正"设为无，"比例"设为 240，捕捉墙体中轴线起点绘制多线，如图 3-52 所示。

命令行提示内容如下：

```
命令：_mline
当前设置：对正 = 上，比例 = 20.00，样式 = 240 墙
指定起点或 [对正 (J) / 比例 (S) / 样式 (ST)]： j　（选择"对正"选项，按回车键）
输入对正类型 [上 (T) / 无 (Z) / 下 (B)] <上>： z　（选择"无"选项，按回车键）
当前设置：对正 = 无，比例 = 20.00，样式 = 240 墙
指定起点或 [对正 (J) / 比例 (S) / 样式 (ST)]： s　（选择"比例"选项，按回车键）
输入多线比例 <20.00>： 240　（输入比例值 240，按回车键）
当前设置：对正 = 无，比例 = 240.00，样式 = 240 墙
指定起点或 [对正 (J) / 比例 (S) / 样式 (ST)]：
指定下一点：　（捕捉轴线起点）
```

指定下一点或 〔放弃 (U)〕：　　（捕捉轴线下一点，直到绘制结束）

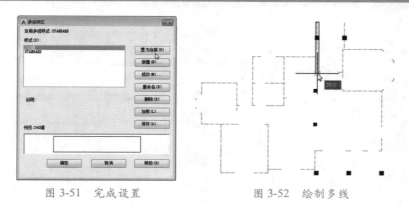

图 3-51　完成设置　　　　　　图 3-52　绘制多线

Step 05 继续沿着墙轴线绘制外墙体，效果如图 3-53 所示。

Step 06 双击需要修剪的多线，打开"多线编辑工具"对话框，选择合适的编辑工具。在此选择"T 形合并"编辑工具，如图 3-54 所示。

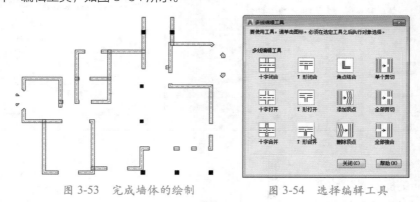

图 3-53　完成墙体的绘制　　　　图 3-54　选择编辑工具

Step 07 然后根据命令行的提示，选择两条要修剪的多线进行修剪，如图 3-55 和图 3-56 所示。

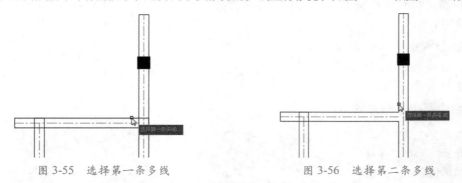

图 3-55　选择第一条多线　　　　图 3-56　选择第二条多线

Step 08 继续选择要修剪的多线，完成其他多线的修剪操作，效果如图 3-57 所示。

Step 09 执行"多线样式"命令，新建"窗"样式，如图 3-58 所示。

Step 10 单击"继续"按钮，在打开的"新建多线样式"对话框中设置多线样式，其中包括偏移数值和颜色，如图 3-59 所示。

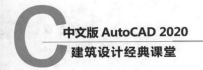

Step 11 设置完成后单击"确定"按钮，返回到上一层对话框，将其样式设为当前样式，如图3-60
所示。

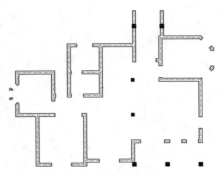

图 3-57　修剪其他多线

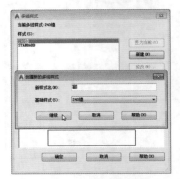

图 3-58　创建窗样式

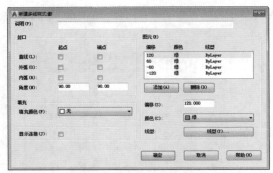

图 3-59　设置"窗"样式

图 3-60　将"窗"样式设为当前样式

Step 12 执行"多线"命令，
根据命令行的提示，将"比例"
设为1，捕捉窗洞起始位置和
终点位置，绘制窗户图形，
如图3-61所示。

Step 13 继续执行"多线"命
令，进行其他窗户图形的绘
制，如图3-62所示。

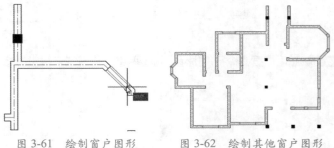

图 3-61　绘制窗户图形　　　　图 3-62　绘制其他窗户图形

命令行提示信息如下：

```
命令：_mline
当前设置：对正 = 无，比例 = 240.00，样式 = 窗
指定起点或 [对正(J)/比例(S)/样式(ST)]：s　（选择"比例"选项，按回车键）
输入多线比例 <240.00>：1　（输入比例值1，按回车键）
当前设置：对正 = 无，比例 = 1.00，样式 = 窗
指定起点或 [对正(J)/比例(S)/样式(ST)]：
指定下一点：　（捕捉窗洞起始点）
指定下一点或 [放弃(U)]：　（捕捉窗洞终点，按回车键完成绘制）
```

课后作业

为了让用户能够更好地掌握本章所学的知识，下面将安排一些 ACAA 认证考试的参考试题，让用户对所学的知识进行巩固和练习。

一、填空题

1._____ 可从选定对象的某一个端点开始，按照指定的长度开始划分，从而等分图形。

2. 多线是一种由 _____ 的平行线组成的线段。每条平行线之间的 _____ 和 _____ 都是可以更改的。

3._____ 可以一次性绘制出 _____ 和 _____ 这两种不同属性的线段。

4. 执行"矩形"命令后，用户可以一次性绘制出 _____、_____、_____ 以及 _____。

5._____ 模式是利用鼠标来拾取已知 3 个图形切点，从而完成圆形的绘制。

二、选择题

1. 下列对象可以转化为多段线的是（　　　）。

    A. 文字   B. 椭圆

    C. 直线和圆弧   D. 圆

2. 执行"圆弧"命令时，按住（　　　）键可以调整圆弧的方向。

    A. F3   B. Shift

    C. Alt   D. F8

3. 执行"圆环"命令时，下面说法正确的是（　　　）。

    A. 圆环的半径值就是内环值

    B. 圆环中的两个圆不可能是一样大小

    C. 圆环无法创建实体圆形

    D. 圆环是填充环或实体填充圆，是带有宽度的闭合多段线

4. 圆的半径为 80mm，用 I 和 C 方式画的正五边形的边长分别为（　　　）。

    A. 94；116   B. 116；94

    C. 80；100   D. 100；80

三、操作题

1．绘制单开门图形

本实例将通过本章所学的二维绘图命令，绘制单开门图形，效果如图 3-63 所示。

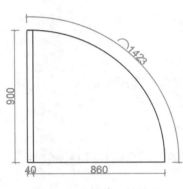

图 3-63　绘制单开门图形

⚠ **操作提示:**

`Step 01` 执行"矩形"命令,绘制长 900mm、宽 40mm 的长方形,作为门图形。

`Step 02` 执行"圆弧"命令,绘制开门方向。

2. 绘制箭头图形

本实例将利用多段线命令,绘制箭头图形,效果如图 3-64 所示。

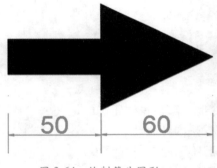

图 3-64　绘制箭头图形

⚠ **操作提示:**

`Step 01` 执行"多段线"命令,将起点宽度设为 20mm,端点宽度设为 20mm,绘制长度为 50mm 的多段线。

`Step 02` 继续绘制多段线,将起点宽度设为 60mm,端点宽度设为 0,绘制长度为 60mm 的多段线。

第 **4** 章

二维编辑命令详解

内容导读

可以说编辑命令和绘图命令两者之间的关系是密不可分的，在绘图的过程中经常会用到编辑命令来调整图形。其中包括移动图形、复制图形、缩放图形、修剪图形等。希望读者通过本章的学习，能够熟练掌握相关的编辑命令，以便绘制出更为复杂的图形。

学习目标

▲ 掌握移动工具的应用　　　　　　▲ 掌握夹点工具的应用

▲ 掌握复制工具的应用　　　　　　▲ 掌握图形图案的填充

▲ 掌握修改工具的应用

4.1　移动类工具的应用

在 AutoCAD 中要想移动图形的位置，可以根据需要选择不同的移动方式。下面将分别对这些常用移动工具进行讲解。

4.1.1　移动图形

移动图形对象是指将对象位置平移指定方向和距离，且不改变对象本身的方向和大小。用户可以通过以下方法执行"移动"命令。

● 在菜单栏中执行"修改"|"移动"命令。

● 在"默认"选项卡的"修改"面板中单击"移动"按钮✛。

● 在命令行中输入 M 快捷命令，然后按回车键。

执行以上任意一种操作后，用户可以根据命令行的提示，先选择要移动的图形，按回车键后指定移动的基点，然后再指定新位置即可，如图 4-1~ 图 4-3 所示。

命令行提示内容如下：

```
命令：_move
选择对象：找到 1 个    （选择图形，按回车键）
选择对象：
指定基点或 [位移(D)] <位移>：                        （指定移动基点）
指定第二个点或 <使用第一个点作为位移>：              （指定目标点）
```

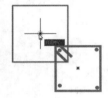 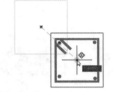 

图 4-1　指定移动的基点　　　图 4-2　指定目标基点　　　图 4-3　完成移动操作

4.1.2　旋转图形

旋转图形是将图形以指定的角度，并围绕其旋转基点进行旋转。用户可以通过以下方法执行"旋转"命令。

● 在菜单栏中执行"修改"|"旋转"命令。
● 在"默认"选项卡的"修改"面板中单击"旋转"按钮 ↺。
● 在命令行中输入 RO 快捷命令，然后按回车键。

执行以上任意一项操作后，用户可根据命令行中的提示，先选择好图形，按回车键后指定好旋转中心，并输入旋转角度值，按回车键完成旋转操作，如图 4-4~ 图 4-6 所示。

命令行提示内容如下：

```
命令：_rotate
UCS 当前的正角方向：ANGDIR=逆时针  ANGBASE=0
选择对象：找到 8 个  （选择需要旋转的图形，按回车键）
选择对象：
指定基点：（指定旋转基点）
指定旋转角度，或 [复制(C)/参照(R)] <0|：  45   （输入旋转角度，按回车键完成操作）
```

图 4-4　指定旋转基点　　　图 4-5　输入旋转角度　　　图 4-6　完成旋转操作

👍 **知识点拨**

在指定旋转角度时，如果输入 C 命令并按回车键，然后再输入旋转角度参数，此时则会形成旋转复制效果。也就是说图形在旋转的同时，也进行了复制操作。

4.2 复制类工具的应用

在 AutoCAD 中复制图形的方法有很多种，例如偏移、阵列、镜像等都属于复制命令。在绘图过程中，用户需要根据实际需求来选择使用。下面将分别对这些复制方法进行简单介绍。

4.2.1 复制图形

复制图形是指将原图形保留，移动原图形的副本。复制后的图形将继承原有图形的属性。用户可以复制一次，也可以复制多次。通过以下方法可调用"复制"命令。

- 在菜单栏中执行"修改"|"复制"命令。
- 在"默认"选项卡的"修改"面板中单击"复制"按钮 ❀。
- 在命令行中输入 CO 快捷命令，然后按回车键。

执行以上任意一项操作后，根据命令行的提示，先选择原图形，并指定好复制的基点，然后移动光标并指定新的基点即可，如图 4-7 和图 4-8 所示。

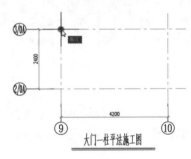

图 4-7 选择复制的立柱

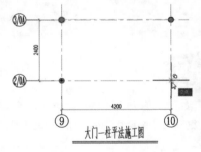

图 4-8 复制后的立柱

命令行提示内容如下：

```
命令：_copy
选择对象：找到 1 个
选择对象：      （选择原图形）
当前设置：  复制模式 = 多个
指定基点或 [位移(D)/模式(O)] <位移>：（指定好复制基点）
指定第二个点或 [阵列(A)] <使用第一个点作为位移>：      （指定新的基点，按回车键完成操作）
```

其中，命令行中部分选项含义介绍如下：

● 指定基点：确定复制的基点。
● 位移：确定复制的位移量。
● 模式：确定复制的模式是单个复制还是多个复制。
● 阵列：可输入阵列的项目数，复制多个图形对象。

系统将所选对象按两点的位移矢量进行复制。如果选择"使用第一个点作为位移"选项，系统将基点的各坐标分量作为复制位移量进行复制。

4.2.2 偏移图形

偏移是对选择的图形按照指定的距离尺寸进行复制。这里所指的图形包含各种线段、曲线、矩形等，而不包含图块。偏移后的图形与原图形具有相同的属性。用户可以通过以下方法执行"偏移"命令。

● 在菜单栏中执行"修改"|"偏移"命令。
● 在"默认"选项卡的"修改"面板中单击"偏移"按钮 ⊂。
● 在命令行中输入 O 快捷命令，然后按回车键。

执行以上任意一种操作后，用户可以根据命令行中的提示，先输入偏移的距离值，按回车键后再选择原图形，然后指定好偏移方向上任意一点即可，如图4-9~图4-11所示。

命令行提示内容如下：

```
命令：_offset
当前设置：删除源=否    图层=源    OFFSETGAPTYPE=0
指定偏移距离或 [通过(T)/删除(E)/图层(L)] <通过>: 50      (输入偏移距离)
选择要偏移的对象，或 [退出(E)/放弃(U)] <退出>:      (选择原图形)
指定要偏移的那一侧上的点，或 [退出(E)/多个(M)/放弃(U)] <退出>:      (指定偏移方向上的一点)
选择要偏移的对象，或 [退出(E)/放弃(U)] <退出>:
```

注意事项

对圆弧进行偏移复制后，新圆弧与旧圆弧有同样的包含角，但新圆弧的长度发生了改变。当对圆或椭圆进行偏移复制后，新圆半径和新椭圆轴长会发生变化，圆心不会改变。

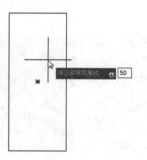

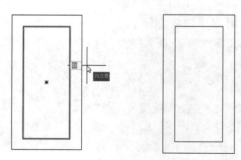

图 4-9　输入偏移距离　　　图 4-10　指定偏移的方向　图 4-11　完成偏移操作

4.2.3　镜像图形

镜像是按指定的中心线翻转对象，创建出对称的图像。该功能经常用于绘制对称图形。用户可以通过以下方法执行"镜像"命令。

- 在菜单栏中执行"修改"|"镜像"命令。
- 在"默认"选项卡的"修改"面板中单击"镜像"按钮。
- 在命令行中输入 MI 快捷命令，然后按回车键。

执行以上任意一项操作后，用户可根据命令行中的提示，先选择原图形，按回车键，再指定镜像线的起点和端点位置，按回车键即可完成镜像操作。

命令行提示内容如下：

```
命令：_mirror
选择对象：找到 1 个   （选择原图形，按回车键）
选择对象：
指定镜像线的第一点：  （捕捉镜像线的起点和端点）
指定镜像线的第二点：
要删除源对象吗？[ 是 (Y) / 否 (N) ] < 否 >：         （选择是否删除源对象）
```

实例：镜像复制建筑户型图

下面将利用镜像命令对户型图进行复制操作，以节省重复绘制的时间，提高绘图效率。其具体操作步骤如下。

Step 01 打开本书配套的素材文件。执行"镜像"命令，选中所需的户型图，如图 4-12 所示。

Step 02 根据命令行中的提示信息，捕捉中轴线的起点和端点，如图 4-13 所示。

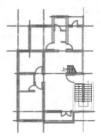
图 4-12　选择户型图

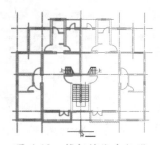
图 4-13　捕捉镜像中轴线

Step 03 选择好后按两次回车键，即可完成户型图的镜像操作，如图 4-14 和图 4-15 所示。

命令行提示信息如下：

```
命令：_mirror
选择对象：指定对角点：找到 174 个   （选择左侧户型图，按回车键）
选择对象：
指定镜像线的第一点：  （捕捉中轴线起点）
指定镜像线的第二点：  （捕捉中轴线端点）
要删除源对象吗？[ 是 (Y) / 否 (N) ] < 否 >：   （按两次回车键，完成操作）
```

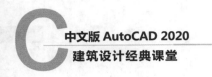
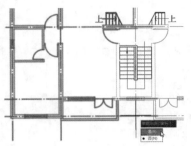
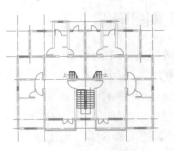

图 4-14　确认是否保留源文件　　　　图 4-15　完成镜像操作

4.2.4　阵列图形

"阵列"命令是一种有规则的复制命令，其阵列图形的方式包括矩形阵列、路径阵列和环形阵列。

1.　矩形阵列图形

矩形阵列是按任意行、列和层级组合分布对象副本。用户可以通过以下方法执行"矩形阵列"命令。

- 在菜单栏中执行"修改"｜"阵列"｜"矩形阵列"命令。
- 在"默认"选项卡的"修改"面板中单击"矩形阵列"按钮🔠。
- 在命令行中输入 AR 快捷命令，然后按回车键。

执行以上任意一项操作后，用户可以根据命令行的提示，先选择阵列的对象，然后在打开的"阵列创建"选项卡中设置"列数""行数"以及"级别"参数即可，如图 4-16 所示。

图 4-16　矩形阵列设置面板

2.　路径阵列图形

路径阵列是沿整个路径或部分路径平均分布对象副本，路径可以是曲线、弧线、折线等所有开放型线段。通过以下方法可以执行"路径阵列"命令。

- 在菜单栏中执行"修改"｜"阵列"｜"路径阵列"命令。
- 在"默认"选项卡的"修改"面板中单击"路径阵列"按钮⚬⚬⚬。

执行"路径阵列"命令后，在打开的"阵列创建"选项卡中根据需要设置相关参数即可，如图 4-17 所示。

图 4-17　路径阵列设置面板

除此之外，用户还可以在命令行中进行路径阵列设置操作。先选择所需图形，按回车键后再选择路径对象，并输入阵列参数值，按回车键完成操作。

命令行提示内容如下：

```
命令：_arraypath
选择对象：找到 1 个
选择对象：（选择所需图形对象，按回车键）
类型 = 路径   关联 = 是
选择路径曲线：（选择路径对象）
选择夹点以编辑阵列或 [关联 (AS) / 方法 (M) / 基点 (B) / 切向 (T) / 项目 (I) / 行 (R) / 层 (L) /
对齐项目 (A) / z 方向 (Z) / 退出 (X)] <退出>：I （选择"项目"选项）
指定沿路径的项目之间的距离或 [表达式 (E)] <72.2071>：150  （输入每个对象间的间距值）
最大项目数 = 6
指定项目数或 [填写完整路径 (F) / 表达式 (E)] <6>：（输入阵列数值，按两次回车键，结束
操作）
选择夹点以编辑阵列或 [关联 (AS) / 方法 (M) / 基点 (B) / 切向 (T) / 项目 (I) / 行 (R) / 层 (L) /
对齐项目 (A) / z 方向 (Z) / 退出 (X)] <退出>：
```

3. 环形阵列图形

环形阵列是绕某个中心点或旋转轴形成的环形图案平均分布对象副本。通过以下方法可以执行"环形阵列"命令。

● 在菜单栏中执行"修改"|"阵列"|"环形阵列"命令。

● 在"默认"选项卡的"修改"面板中单击"环形阵列"按钮 ⁂。

在执行"环形阵列"命令后，在"阵列创建"选项卡中，用户可以根据需要设置阵列的项目数、每个项目之间的距离等，如图 4-18 所示。

图 4-18 环形阵列设置面板

注意事项

默认情况下，填充角度若为正值，表示将沿逆时针方向环形阵列对象；若为负值，则表示将沿顺时针方向环形阵列对象。

4.3 修改类工具的应用

在绘制二维图形时，需要借助图形的修改工具来完成图形的绘制，其中包括修剪工具、延伸工具、倒角工具、缩放工具等。下面将分别对这些修改工具进行介绍。

4.3.1　分解图形

分解图形可将复合图形分解为其部件图形。在绘制过程中，可进行分解的图形包括块、多段线以及面域等。用户可以通过下列方式调用"分解"命令。

- 在菜单栏中执行"修改"|"分解"命令。
- 在"默认"选项卡的"修改"面板中单击"分解"按钮 🗅。
- 在命令行中输入快捷命令 X 并按回车键。

执行"分解"命令后，根据命令行的提示，先选中要分解的图形，按回车键即可完成分解操作，如图 4-19 和图 4-20 所示。

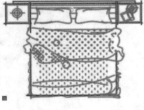

图 4-19　分解前

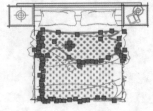

图 4-20　分解后

命令行提示内容如下：

```
命令：_explode
选择对象：找到 1 个         (选中所需图形，按回车键)
选择对象：
```

4.3.2　修剪图形

"修剪"工具主要是用于对超出图形边界的线段进行修剪。用户可以通过以下方法调用"修剪"命令。

- 在菜单栏中执行"修改"|"修剪"命令。
- 在"默认"选项卡中单击"修改"面板的下拉按钮，在弹出的列表中单击"修剪"按钮 ▼。
- 在命令行中输入快捷命令 TR 并按回车键。

执行"修剪"命令后，根据命令行中的提示，先选择需要修剪的边，按回车键后再选择要剪掉的线段即可，如图 4-21~ 图 4-23 所示。

命令行提示内容如下：

```
命令：_trim
当前设置：投影=UCS，边=无
选择剪切边 ...
选择对象或 <全部选择>：找到 4 个  (选择修剪的边线，按回车键)
选择对象：
选择要修剪的对象，或按住 Shift 键选择要延伸的对象，或
[栏选(F)/窗交(C)/投影(P)/边(E)/删除(R)/放弃(U)]：  (选择需剪掉的线段)
选择要修剪的对象，或按住 Shift 键选择要延伸的对象，或
[栏选(F)/窗交(C)/投影(P)/边(E)/删除(R)/放弃(U)]：
```

图 4-21　选中图形边界线　　图 4-22　选中要修剪的线段　　图 4-23　完成修剪

4.3.3　延伸图形

延伸命令是将指定的图形对象延伸到指定的边界。通过下列方法可调用该命令。

● 在菜单栏中执行"修改"|"延伸"命令。

● 在"默认"选项卡的"修改"面板中单击"延伸"按钮--/。

● 在命令行中输入 EX 快捷命令，然后按回车键。

执行以上任意一种操作后，选择要延长到的边界线并按回车键，再选择需要延长的线即可，如图 4-24~ 图 4-26 所示。

命令行提示内容如下：

```
命令：_extend
当前设置：投影=UCS，边=无
选择边界的边 ...
选择对象或 <全部选择|：找到 1 个              (选择边界线，按回车键)
选择对象：
选择要延伸的对象或按住 Shift 键选择要修剪的对象，或者
[栏选(F)/窗交(C)/投影(P)/边(E)]：   (选择要延伸的线条)
```

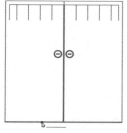

图 4-24　选择要延伸到的边界线　　图 4-25　选择要延伸的线段　　图 4-26　完成延伸操作

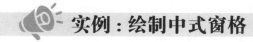 **实例：绘制中式窗格**

下面将利用偏移和修剪命令来绘制中式窗格图形。

Step 01 新建空白文件，执行"矩形"命令，绘制长和宽都为 600mm 的矩形。执行"偏移"命令，将该矩形向内偏移 30mm，如图 4-27 所示。

命令行提示信息如下：

```
命令：_offset
当前设置：删除源=否   图层=源   OFFSETGAPTYPE=0
指定偏移距离或 ［通过(T)/删除(E)/图层(L)］<30.0000>：  30  （输入偏移距离30，
按回车键）
选择要偏移的对象，或 ［退出(E)/放弃(U)］<退出>：（选择矩形）
指定要偏移的那一侧上的点，或 ［退出(E)/多个(M)/放弃(U)］<退出>：（指定矩形内任意点）
选择要偏移的对象，或 ［退出(E)/放弃(U)］<退出>：
```

Step 02 继续执行"偏移"命令，将偏移后的矩形再向内依次偏移70mm和20mm，如图4-28所示。

Step 03 执行"直线"命令，在窗格中绘制两条相互垂直的中心线，如图4-29所示。

 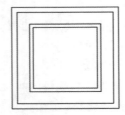 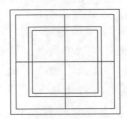

图4-27 绘制并偏移矩形　　图4-28 偏移矩形　　图4-29 绘制中心辅助线

Step 04 再次执行"偏移"命令，将两条中心线分别向两侧依次偏移50mm和20mm，如图4-30所示。

Step 05 删除两条中心线。执行"修剪"命令，按两次回车键，然后选中要剪掉的线段，完成窗格图形的修剪操作，效果如图4-31所示。

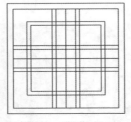 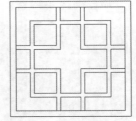

图4-30 偏移辅助线　　　　图4-31 修剪后的窗格

4.3.4 倒角和圆角

在绘制过程中，对于两条相邻的边界多出的线段，倒角和圆角都可以进行修剪。倒角是对图形相邻的两条边进行修饰，而圆角则是根据指定圆弧半径来进行倒角，如图4-32和图4-33所示分别为倒角和圆角操作后的效果。

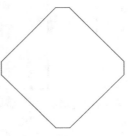 

图4-32 倒角图形　　　　图4-33 圆角图形

1. 倒角

执行"倒角"命令可以将绘制的图形进行倒角，既可以修剪多余的线段，还可以设置图形中两条边的倒角距离和角度。用户可以通过以下方式调用"倒角"命令。

- 在菜单栏中执行"修改"|"倒角"命令。
- 在"默认"选项卡的"修改"面板中单击"倒角"按钮◤。
- 在命令行中输入 CHA 快捷命令并按回车键。

用户执行"倒角"命令后，根据命令行的提示，先设置好倒角的距离，默认情况下为 0。然后再根据需要选择两条倒角边线即可。

命令行提示如下：

```
命令：_chamfer
("修剪"模式) 当前倒角距离 1 = 0.0000，距离 2 = 0.0000
选择第一条直线或 ［放弃(U)/多段线(P)/距离(D)/角度(A)/修剪(T)/方式(E)/多个
(M)］：d（选择"距离"选项，按回车键）
指定 第一个 倒角距离 <0.0000>：10（输入倒角距离，按回车键）
指定 第二个 倒角距离 <10.0000>：（输入第 2 个倒角距离，如果两个倒角相同，只需再按回
车键）
选择第一条直线或 ［放弃(U)/多段线(P)/距离(D)/角度(A)/修剪(T)/方式(E)/多个
(M)］：（选择两条倒角边）
选择第二条直线，或按住 Shift 键选择直线以应用角点或 ［距离(D)/角度(A)/方法(M)］：
```

2. 圆角

圆角是指通过指定的圆弧半径大小将多边形的边界棱角部分光滑连接起来。圆角是倒角的一部分表现形式。用户可以通过以下方式调用"圆角"命令。

- 在菜单栏中执行"修改"|"圆角"命令。
- 在"默认"选项卡的"修改"面板中单击"圆角"按钮◤。
- 在命令行中输入 F 快捷命令并按回车键。

用户执行"圆角"命令后，同样要先设置好圆角半径，然后再根据需要选择两条倒圆角边线即可。命令行提示内容如下：

```
命令：_fillet
当前设置：模式 = 修剪，半径 = 0.0000
选择第一个对象或 ［放弃(U)/多段线(P)/半径(R)/修剪(T)/多个(M)］：r（选择"半径"
选项，按回车键）
指定圆角半径 <0.0000>：20 （输入半径值，按回车键）
选择第一个对象或 ［放弃(U)/多段线(P)/半径(R)/修剪(T)/多个(M)］：（选择两条倒圆角边）
选择第二个对象，或按住 Shift 键选择对象以应用角点或 ［半径(R)］：
```

4.3.5 拉伸图形

"拉伸"命令用于拉伸窗交部分的图形对象。移动完全包含在窗交选取窗口中的对象或单独选定的对象。其中圆、椭圆和块无法拉伸。通过以下方式可调用"拉伸"命令。

- 在菜单栏中执行"修改"|"拉伸"命令。
- 在"默认"选项卡的"修改"面板中单击"拉伸"按钮□。

● 在命令行中输入 STRETCH 命令并按回车键。

执行"拉伸"命令后，使用窗交的方式（从右往左框选），选择要拉伸的图形，按回车键后捕捉拉伸基点即可进行拉伸操作，如图 4-34~ 图 4-36 所示。

命令行提示内容如下：

```
命令：_stretch
以交叉窗口或交叉多边形选择要拉伸的对象 ...
选择对象：指定对角点：找到 4 个 （窗选所需图形，按回车键）
选择对象：
指定基点或〔位移 (D)〕<位移>：（指定拉伸基点，并移动鼠标进行拉伸操作）
指定第二个点或 <使用第一个点作为位移>：（指定新基点）
```

图 4-34 窗交模式框选图形　　图 4-35 拉伸图形　　图 4-36 拉伸结果

在"选择对象"命令提示下，可输入 C（窗交方式）或 CP（不规则窗交窗口方式），将位于选择窗口之内的对象进行位移，与窗口边界相交的对象按规则拉伸、压缩和移动。

对于直线、圆弧、区域填充等图形对象，如果所有部分均在选择窗口内被移动，或者只有一部分在选择窗口内，则有以下拉伸规则。

● 直线：位于窗口外的端点不动，位于窗口内的端点移动。

● 圆弧：与直线类似，但在圆弧改变的过程中，圆弧的弦高保持不变，同时调整圆心的位置和圆弧的起始角、终止角的值。

● 区域填充：位于窗口外的端点不动，位于窗口内的端点移动。

● 多段线：与直线和圆弧相似，但多段线两端的宽度、切线方向及曲线拟合信息均不变。

● 其他对象：如果其定义点在选择窗口内，则对象发生移动；否则不动。其中，圆的定义点为圆心，形和块的定义点为插入点，文字和属性的定义点为字符串基线的左端点。

4.3.6 缩放图形

缩放就是将图形对象进行放大或缩小操作，缩放后的图形其比例保持不变。在 AutoCAD 中用户可以通过以下方法调用"缩放"命令。

● 在菜单栏中执行"修改"|"缩放"命令。

● 在"默认"选项卡的"修改"面板中单击"缩放"按钮 。

- 在命令行中输入 SC 快捷命令并按回车键。

在执行"缩放"命令后，根据命令行提示，选中要缩放的图形，再设定好缩放的比例值即可，如图 4-37~ 图 4-39 所示。

命令行提示内容如下：

```
命令：_SCALE
选择对象：指定对角点：找到 1 个 （选中需缩放的图形，按回车键）
选择对象：
指定基点： （指定图形缩放基点）
指定比例因子或 ［复制(C)/参照(R)］：5 （输入缩放比例值）
```

图 4-37 选择缩放图形　　图 4-38 设置缩放比例　　图 4-39 缩放结果

注意事项

在输入比例因子时，如果数值大于 1，其图形将被放大；相反，如果数值小于 1，其图形将被缩小。

4.3.7 打断图形

打断图形指的是删除图形上的某一部分或将图形分成两部分。用户可以通过以下方法执行"打断"命令。

- 在菜单栏中执行"修改"|"打断"命令。
- 在"默认"选项卡的"修改"面板中单击"打断"按钮。
- 在命令行中输入 BREAK 命令，按回车键即可。

执行以上任意一种操作后，在图形中指定好两个打断点，即可完成打断操作，如图 4-40~ 图 4-42 所示。

命令行提示内容如下：

```
命令：_break
选择对象： （选择对象以及确定第一个断点）
指定第二个打断点 或 ［第一点(F)］： （指定第二个打断点）
```

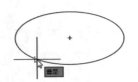
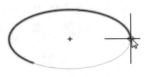
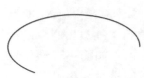

图 4-40　指定打断第 1 点　　图 4-41　指定打断第 2 点　　图 4-42　完成打断操作

4.3.8　删除图形

在绘制图形的时候，经常需要删除一些辅助或错误的图形。那么用户可以通过以下方法执行"删除"命令。

- 在菜单栏中执行"修改"|"删除"命令。
- 在"默认"选项卡的"修改"面板中单击"删除"按钮 。
- 在命令行中输入快捷命令 E，然后按回车键。

注意事项

在命令行中输入 OOPS 命令，启动恢复删除命令，但只能恢复最后一次利用"删除"命令删除的对象。

4.4　夹点工具的应用

在编辑图形时，用户除了使用以上编辑工具外，还可以利用夹点工具来编辑。例如拉伸、移动、旋转以及缩放等，下面将分别对其功能进行介绍。

4.4.1　夹点的设置

夹点就是图形对象上的控制点，是一种集成的编辑模式。由于每个用户绘图习惯不同，在绘图前都会进行一番设置，使得绘制的图纸更加精确。

在命令行中输入 OP 快捷命令，打开"选项"对话框，切换到"选择集"选项卡，其中有"夹点尺寸""夹点"以及"预览"等选项组，用户可根据绘图的需要对其进行设置，如图 4-43 所示。

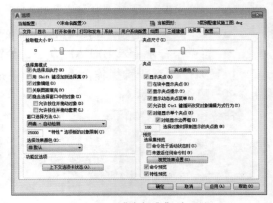

图 4-43　"选择集"选项卡

4.4.2　利用夹点编辑图形

选择要编辑的图形后，该图形四周将会出现蓝色的控制点，这些控制点则称为夹点。将光标移到夹点上并单击，该夹点会以红色显示，单击鼠标右键，在弹出的快捷菜单中选择所需的编辑工具即可进行相关操作，如图 4-44 和图 4-45 所示。

图 4-44　显示夹点

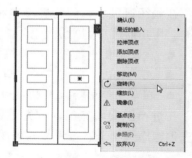

图 4-45　编辑夹点选项

1．拉伸对象

默认情况下激活夹点后，单击激活点，释放鼠标即可对夹点进行拉伸。

2．移动对象

可以将图形从当前位置移动到新的位置。选择要移动的图形对象，进入夹点选择状态，按回车键即可进入移动编辑模式。

3．复制对象

可以将图形基于夹点进行复制操作。选择要复制的图形对象，将鼠标指针移动到夹点上，按回车键后即可进入复制编辑模式。

4．缩放对象

可以将图形以被选取的夹点为基点进行缩放，同时也可以进行多次缩放。选择要缩放的图形对象，进入夹点选择状态，连续 3 次按回车键，即可进入缩放编辑模式。

5．旋转对象

可以将图形对象围绕被选取的夹点进行旋转，还可以进行多次旋转。选择要旋转的图形对象，进入夹点选择状态，连续 2 次按回车键，即可进入旋转编辑模式。

4.5　图形填充工具的应用

图案填充功能是使用线条或图案来填充指定的图形区域，这样可以清晰表达出指定区域的外观纹理，以增加所绘图形的显见性。下面将介绍如何对图形进行填充操作。

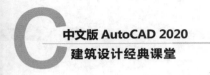
4.5.1 图案填充

在绘图过程中，经常要将某种特定的图案填充到一个封闭的区域内，这就是图案填充。用户通过下列方法可以执行"图案填充"命令。

- 在菜单栏中执行"绘图"|"图案填充"命令。
- 在"默认"选项卡的"绘图"面板中单击"图案填充"按钮▨。
- 在命令行中输入 H 快捷命令并按回车键。

在进行图案填充前，首先需要对图案的基本参数进行设置。用户可以通过"图案填充创建"选项卡进行设置，如图 4-46 所示。

图 4-46 "图案填充创建"选项卡

下面将对常用的图案填充设置选项进行说明。

1. 图案

在"图案填充创建"选项卡的"图案"面板中，单击右侧下拉按钮，可打开图案列表。用户可以在该列表中选择所需的图案进行填充，如图 4-47 所示。

2. 特性

在"特性"面板中，用户可以根据需要选择图案的类型▨、图案填充颜色▨、图案透明度▨、图案填充角度、图案填充比例▨等，如图 4-48 所示的是设置图案填充颜色。

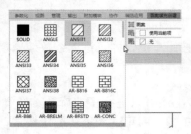

图 4-47 图案列表

图 4-48 设置图案填充颜色

3. 原点

许多图案填充需对齐填充边界上的某一点。在"原点"面板中可设置图案填充原点的位置。设置原点位置包括"指定的原点"和"使用当前原点"两种选项，如图 4-49 所示。

图 4-49 "原点"面板

在该面板中，用户可以自定义原点位置，通过指定左下 ▨、右下 ▨、左上 ▨、右上 ▨ 和中心点 ▨ 位置作为图案填充的原点进行填充。

"使用当前原点" ↥：可以使用当前 UCS 的原点（0,0）作为图案填充的原点。

"存储为默认原点" ▨：可以将指定的原点存储为默认的填充图案原点。

4. 边界

在"边界"面板中，用户可以选择填充图案的边界，也可以进行删除边界、重新创建边界等操作。

- 拾取点：将拾取点任意放置在填充区域上，就会预览填充效果，如图 4-50 所示，单击鼠标左键，即可完成图案填充。

- 选择：根据选择的边界填充图形，随着选择的边界增加，填充的图案面积也会增加，如图 4-51 所示。

- 删除边界：在利用拾取点或者选择对象定义边界后，单击删除边界按钮，可以取消系统自动选取或用户选取的边界，形成新的填充区域。

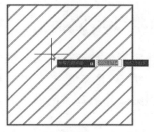

图 4-50 预览填充图案

图 4-51 选择边界效果

4.5.2 渐变色填充

渐变色填充是使用渐变颜色对指定的图形区域进行填充的操作，可创建单色或者双色渐变色。在进行渐变色填充前，用户可以通过"图案填充创建"选项卡进行设置，如图 4-52 所示。也可以在"图案填充和渐变色"对话框中进行设置。

图 4-52 渐变色填充下拉列表

用户在命令行输入 H 快捷命令后按回车键，再输入 T 命令即可打开"图案填充和渐变色"对话框。切换到"渐变色"选项卡，如图 4-53 和图 4-54 所示分别为单色渐变色的设置面板和双色渐变色的设置面板。

图 4-53　单色渐变填充

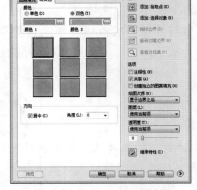
图 4-54　双色渐变填充

实例：填充别墅外墙立面

下面将利用图案填充工具为别墅外墙面进行填充操作。其具体操作步骤如下。

Step 01 打开本书配套的素材文件。执行"图案填充"命令，打开"图案填充创建"选项卡，在"图案"面板中选择 AR-B88 图案，并将其颜色设为深红，比例设为 1，其他为默认设置，如图 4-55 所示。

图 4-55　设置图案参数

Step 02 设置完成后选择别墅屋顶区域，对其进行填充操作，效果如图 4-56 和图 4-57 所示。

图 4-56　填充别墅屋顶区域

图 4-57　选择其他屋顶区域

Step 03 继续执行"图案填充"命令，将图案填充类型设为 GRAVEL，填充比例设为 40，颜色设为褐色，如图 4-58 所示。

Step 04 设置完成后选择别墅外墙底部区域，对其进行填充操作，效果如图 4-59 所示。

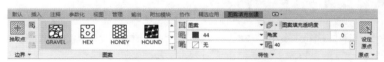

图 4-58 设置图案参数

图 4-59 填充效果

课堂实战 完善建筑环境

在学习了本章内容后，下面通过具体案例练习来巩固所学的知识。本实例运用偏移、复制、镜像等命令来完善建筑环境。

Step 01 打开本书配套的素材文件。执行"图层特性"命令，将"轴线"图层设为当前。执行"直线"命令，分别绘制水平和垂直两条线段，如图 4-60 所示。

Step 02 执行"偏移"命令，将水平线依次向上偏移 2000mm、5100mm、3800mm、3600mm，将垂直线依次向右偏移 200mm、3400mm、8400mm、3400mm，如图 4-61 所示。

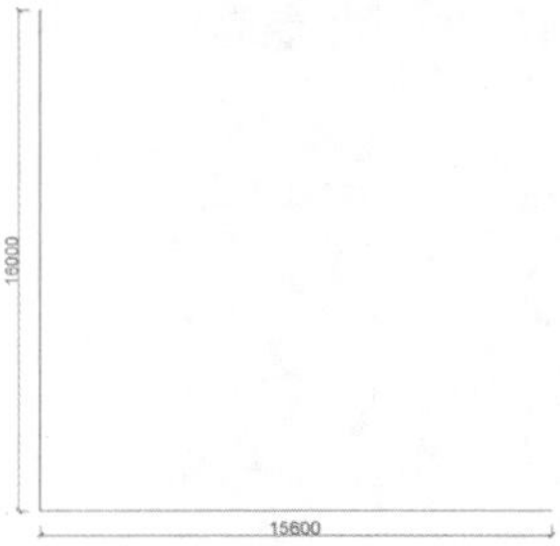

图 4-60 绘制水平、垂直两条线段

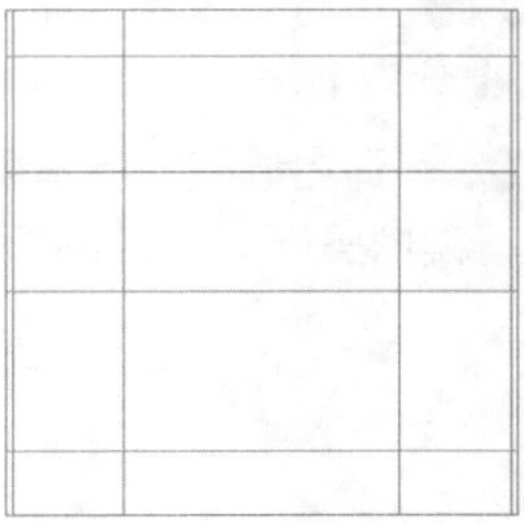

图 4-61 偏移两条线段

Step 03 将"建筑"图层置为当前。执行"多段线"命令，根据轴网绘制建筑物的外轮廓，并关闭"轴线"图层，如图 4-62 所示。

Step 04 执行"移动"命令，根据命令行提示，选择建筑物左下角点为移动基点，将其移动至平面图合适的位置，如图 4-63 所示。

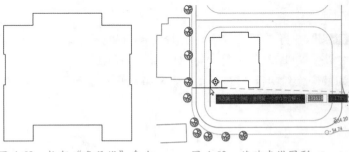

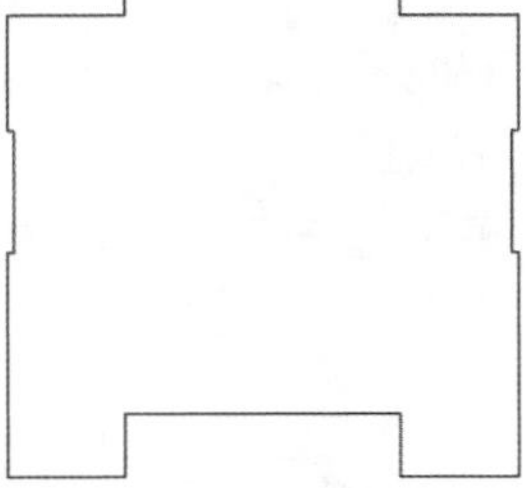

图 4-62 执行"多段线"命令

图 4-63 移动直线图形

Step 05 执行"镜像"命令，根据命令行的提示，选择建筑物，捕捉道路红线上、下两边的中心点，将其进行镜像复制，如图 4-64 所示。

命令行提示内容如下：

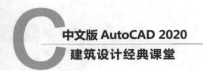

```
命令：_mirror
选择对象：找到 1 个        （选择建筑物）
选择对象：  指定镜像线的第一点：        （捕捉道路上边线的中点）
指定镜像线的第二点：        （捕捉道路下边线的中点）
要删除源对象吗？ [是 (Y) / 否 (N)] < 否 >：        （按回车键）
```

Step 06 将"停车场"图层设为当前。执行"矩形"命令，绘制长 5000mm，宽 2500mm 的矩形，如图 4-65 所示。

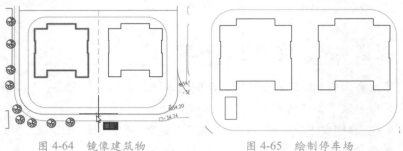

图 4-64 镜像建筑物   图 4-65 绘制停车场

Step 07 执行"复制"命令，以停车场左下角点为复制基点，向右进行复制，绘制停车位，如图 4-66 所示。

Step 08 适当调整好停车场的位置。执行"镜像"命令，同样以道路红线两侧的中点为镜像线，进行镜像操作，效果如图 4-67 所示。

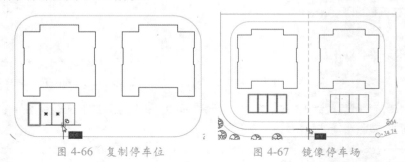

图 4-66 复制停车位   图 4-67 镜像停车场

Step 09 执行"复制"命令，选择绘制好的所有建筑物和停车场，以道路红线左上角点为复制基点进行复制操作，如图 4-68 所示。

Step 10 继续执行"复制"命令，将植物图形进行复制操作，最终效果如图 4-69 所示。

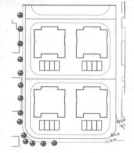
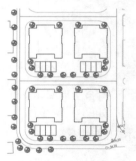

图 4-68 复制建筑物和停车场   图 4-69 最终效果图

课后作业

为了让用户能够更好地掌握本章所学的知识，下面将安排一些 ACAA 认证考试的参考试题，让用户对所学的知识进行巩固和练习。

一、填空题

1. 在进行图案填充前，首先需要对图案的基本参数进行设置，用户可以通过 _____ 选项卡进行设置。

2. 执行"偏移"命令时，如果偏移的对象是直线，则偏移后的直线大小 _____；如果偏移的对象是圆、圆弧和矩形，其偏移后的对象将被 _____。

3. 阵列命令是一种有规则的复制命令，其阵列图形的方式包括 _____、_____ 和 _____ 3 种。

二、选择题

1. 执行"旋转"命令后，如果想要实现旋转并复制操作，需要在命令行中输入以下（　　　）字母才行。

    A. C   B. CO   C. E   D. EX

2. 现有两个相同大小的矩形，将其中一个矩形进行倒圆角，圆角为 20mm，将另一个矩形进行倒角，倒角距离都设为 20mm，它们的面积相比较（　　　）。

    A. 一样大   B. 圆角为 20 的矩形大

    C. 倒角为 20 的矩形大   D. 无法比较

3. 想要实现一组同心圆的效果，使用下列（　　　）命令会更适合。

    A. 复制   B. 延伸   C. 偏移   D. 修剪

4. 以下对分解命令描述正确的一项是（　　　）。

    A. 多行文字分解后，将变为单行文字

    B. 图形分解后，其颜色、线型都不会随之改变

    C. 直线分解后，会得到两个直线

    D. 填充的图案分解后，图案与边界关联依然存在

三、操作题

1. 绘制窗户图形

本实例将利用所学的绘图、编辑命令，绘制窗户立面图，效果如图 4-70 所示。

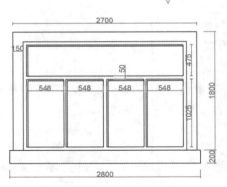

图 4-70　绘制窗户立面图形

⚠ 操作提示：

Step 01 执行"矩形""分解""偏移""修剪""镜像"等命令，绘制窗户立面造型。

Step 02 执行"偏移"和"修剪"命令，绘制窗套和窗台。

2. 填充建筑屋顶

本实例将利用图案填充命令，为别墅屋顶平面图进行填充操作，效果如图 4-71 所示。

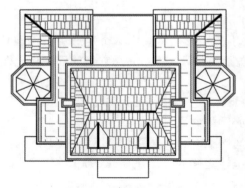

图 4-71　填充屋顶区域

⚠ 操作提示：

Step 01 执行"图案填充"命令，设置填充参数。

Step 02 选择屋顶区域填充即可。

第5章

图块功能详解

内容导读

利用图块工具来绘制图形，其效率要比一个个绘制或者复制图形要高。图块是一个或多个对象形成的集合，常用于绘制复杂、重复的图形。本章将向读者介绍图块功能的应用操作，其中包括创建块、插入块、外部参照块以及设计中心功能的使用。

学习目标

▲ 掌握图块的创建方法　　　　　▲ 熟悉图块属性的编辑

▲ 掌握图块的插入操作　　　　　▲ 熟悉设计中心功能面板

5.1　创建并插入图块

图块是由一个或多个对象组成的对象集合。它将不同的形状、线型、线宽和颜色的对象组合定义成块，利用图块可以减少大量重复的操作步骤，从而提高设计和绘图的效率。

5.1.1　创建内部图块

内部图块是跟随定义它的图形文件一起保存的，存储在图形文件内部，因此，只能在当前图形文件中调用，而不能在其他图形中调用。创建块可以通过以下几种方法来实现。

● 在菜单栏中执行"绘图"|"块"|"创建"命令。

- 在"默认"选项卡的"块"面板中单击"创建块"按钮。
- 在"插入"选项卡的"块定义"
  面板中单击"创建块"按钮。
- 在命令行中输入 BLOCK 命令，
  然后按回车键。

执行以上任意一种方法均可打开"块
定义"对话框，如图5-1所示。在该对话框
中进行相关的设置，即可将图形创建成块。

图 5-1　"块定义"对话框

"块定义"对话框中一些主要选项的含义介绍如下：

- 名称：用于输入块的名称，最多可使用255个字符。
- 基点：该选项区用于指定图块的插入基点。系统默认图块的插入基点值为
  (0,0,0)，用户可直接在X、Y和Z数值框中输入坐标相对应的数值，也可以
  单击"拾取点"按钮，切换到绘图区中指定基点。
- 对象：用于设置组成块的对象。单击"选择对象"按钮，可以切换到绘图区
  中选择组成块的图形。
- 保留：选中该单选按钮，则表示创建块后仍在绘图窗口中保留组成块的各对象。
- 转换为块：选中该单选按钮，则表示创建块后将组成块的各对象保留并把它们
  转换成块。
- 删除：选中该单选按钮，则表示创建块后删除绘图窗口中组成块的各对象。
- 设置：该选项区用于指定图块的设置。
- 方式：该选项区中可以设置插入后的图块是否允许被分解、是否按统一比例缩
  放等。
- 说明：该选项区用于指定图块的文字说明，在该文本框中，可以输入当前图块
  说明部分的内容。
- 超链接：单击该按钮，打开"插入超链接"对话框，从中可以插入超级链接文档。
- 在块编辑器中打开：选中该复选框，当创建图块后，可在块编辑器窗口中进行
  "参数""参数集"等选项的设置。

实例：创建窗户图块

下面将以窗户图形为例，利用"块定义"对话框将其创建成图块。

Step 01 打开本书配套的素材文件。执行"创建块"命令，打开"块定义"对话框。单击"选择
对象"按钮，在绘图区中选择窗户图形，如图5-2和图5-3所示。

Step 02 选择完成后按回车键，返回到"块定义"对话框。单击"拾取点"按钮，在窗户图形中
指定好块的基点，如图5-4和图5-5所示。

图 5-2　单击"选择对象"按钮

图 5-3　选择窗户图形

图 5-4　单击"拾取点"按钮

图 5-5　指定图块基点

Step 03 返回到"块定义"对话框。在"名称"文本框中输入图块名称，这里输入"窗"，单击"确定"按钮完成创建操作，如图 5-6 所示。

Step 04 此时选中创建好的图块，系统会自动显示该图块的相关信息，如图 5-7 所示。

图 5-6　输入图块名称

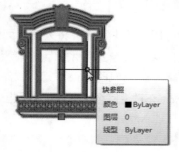

图 5-7　显示图块信息

5.1.2　创建外部图块

　　创建外部块是将块、对象或者某些图形文件保存到独立的图形文件中，也可存储图块。使用"写块"命令，可以将文件中的块作为单独的对象保存为一个新文件，被保存的新文件可以被其他对象使用。用户可以通过以下方法执行"写块"命令。

● 在"默认"选项卡的"块定义"面板中单击"写块"按钮。
● 在命令行中输入 W 快捷命令并按回车键。

执行以上任意一种方法即可打开"写块"对话框，如图 5-8 所示。在该对话框中可以设置组成块的对象来源，其主要选项的含义介绍如下。

- 块：将创建好的块写入磁盘。
- 整个图形：将全部图形写入图块。
- 对象：指定需要写入磁盘的块对象，用户可根据需要使用"基点"选项组设置块的插入基点位置；使用"对象"选项组设置组成块的对象。

图 5-8　"写块"对话框

此外，在该对话框的"目标"选项组中，用户可以指定文件的新名称和新位置以及插入块时所用的测量单位。

注意事项

外部图块和内部图块的区别是：外部图块作为独立文件保存，可以插入到任何图形中去，并可以对图块进行打开和编辑，而内部图块只能用于当前图形文件中。

实例：储存立柱图块

下面利用"写块"命令，将大门立面图中的立柱图形储存为图块。其具体操作步骤如下。

Step 01 打开本书配套的素材文件。在命令行中输入 W 快捷命令，打开"写块"对话框，并单击"选择对象"按钮，在绘图区中选择要保存的立柱图块，如图 5-9 所示。

Step 02 按回车键返回至"写块"对话框，并单击"拾取点"按钮，如图 5-10 所示。在绘图区中指定立柱插入基点。

图 5-9　单击"选择对象"按钮

图 5-10　单击"拾取点"按钮

Step 03 然后单击"文件名和路径"文本框后 按钮，在打开的"浏览图形文件"对话框中设置好文件名和路径，单击"保存"按钮，如图 5-11 所示。

Step 04 返回至"写块"对话框，此时文件名及路径已发生了变化，单击"确定"按钮完成储存操作，如图 5-12 所示。

图 5-11　指定路径

图 5-12　完成外部块创建

5.1.3　插入图块

插入块是将指定好的内部或外部图块插入到当前图形中。插入块时可以一次插入一个，也可一次插入呈矩形阵列排列的多个块参照。用户可以通过以下方法调用插入块命令。

● 在菜单栏中执行"插入"|"块选项板"命令。

● 在"默认"选项卡的"块"面板中单击"插入"按钮 ⌐。

● 在"插入"选项卡的"块"面板中单击"插入"按钮 ⌐。

● 在命令行中输入 BLOCKSPALETTE（i）命令，然后按回车键。

执行以上任意一种操作后，即可打开"块"选项板，用户可以通过"当前图形""最近使用""其他图形"3 个选项卡来插入图块，如图 5-13 所示。

● 当前图形：该选项卡将当前图形中的所有块定义显示为图标或列表。

● 最近使用：该选项卡显示所有最近插入的块，而不管当前图形为何。选项卡中的图块可以删除。

● 其他图形：该选项卡提供了一种导航到文件夹的方法（也可以从其中选择图形作为块插入，或从这些图形定义的块中进行选择）。

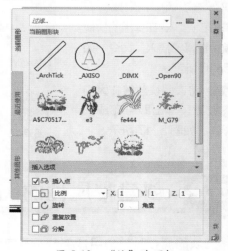

图 5-13　"块"选项板

选项板顶部有多个控件，其中包括图块名称过滤器、缩略图大小和列表样式等。选项板底部则是"插入选项"参数设置面板，包括插入点、插入比例、旋转角度、重复放置和分解选项。

实例：插入入户门图形

利用插入块命令，为大门立面图插入入户门图块。其具体操作步骤如下。

Step 01 打开本书配套的素材文件，如图 5-14 所示。

Step 02 在命令行中输入 i 快捷命令，按回车键即可打开"块"选项板。单击该选项板右上角 ... 按钮，打开"选择图形文件"对话框，如图 5-15 所示。

图 5-14　打开素材文件

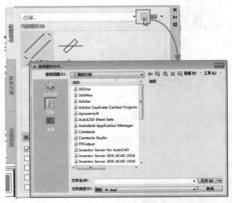

图 5-15　打开"选择图形文件"对话框

Step 03 在该对话框中选择要插入的图块文件，单击"打开"按钮，此时图块已调入至"块"选项板中，用鼠标右键单击该图块，在弹出的快捷菜单中选择"插入"命令，如图 5-16 所示。

Step 04 将该图块放置在大门所需位置，单击即可完成插入操作，如图 5-17 所示。

图 5-16　选择"插入"命令

图 5-17　完成插入操作

5.2　创建带属性的图块

图块的属性是块的组成部分，是包含在块定义中的文字对象，在定义块之前，要先定义该块的每个属性，然后将属性和图形一起定义成块。下面将介绍如何创建并应用带属性的图块。

5.2.1　属性定义

属性块是由图形对象和属性对象组成。对块增加属性，就是使块中的指定内容可以变化。要创建一个块属性，用户可以使用"定义属性"命令，先建立一个属性定义来描述属性特征，包括标记、提示符、属性值、文本格式、位置以及可选模式等。

用户可以通过以下方法执行"定义属性"命令。

- 在菜单栏中执行"绘图"|"块"|"定义属性"命令。
- 在"默认"选项卡的"块"面板中单击"定义属性"按钮。
- 在"插入"选项卡的"块定义"面板中单击"定义属性"按钮。
- 在命令行中输入 ATTDEF 命令，然后按回车键。

执行以上任意一种操作后，系统将自动打开"属性定义"对话框，如图5-18所示。该对话框中各选项的含义介绍如下。

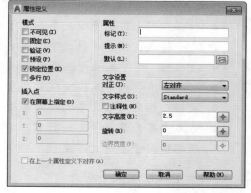

图 5-18　"属性定义"对话框

1. 模式

"模式"选项组用于在图形中插入块时，设定与块关联的属性值选项。

- 不可见：指定插入块时不显示或打印属性值。
- 固定：在插入块时赋予属性固定值。选中该复选框，插入块时属性值不发生变化。
- 验证：插入块时提示验证属性值是否正确。选中该复选框，插入块时系统将提示用户验证所输入的属性值是否正确。
- 预设：插入包含预设属性值的块时，将属性设定为默认值。选中该复选框，插入块时，系统将把"默认"文本框中输入的默认值自动设置为实际属性值，不再要求用户输入新值。
- 锁定位置：锁定块参照中属性的位置。解锁后，属性可以相对于使用夹点编辑的块的其他部分移动，并且可以调整多行文字属性的大小。
- 多行：指定属性值可以包含多行文字。选中此复选框后，可以指定属性的边界宽度。

2. 属性

"属性"选项组用于设定属性数据。

- 标记：标识图形中每次出现的属性。
- 提示：指定在插入包含该属性定义的块时显示的提示。如果不输入提示，属性标记将用作提示。如果在"模式"选项组选中"固定"复选框，"提示"选项将不可用。

● 默认：指定默认属性值。单击后面的"插入字段"按钮，显示"字段"对话框，可以插入一个字段作为属性的全部或部分值；选中"多行"复选框后，显示"多行编辑器"按钮，单击此按钮将弹出具有"文字格式"工具栏和标尺的在位文字编辑器。

3. 插入点

"插入点"选项组用于指定属性位置。输入坐标值或者选中"在屏幕上指定"复选框，并使用定点设备根据与属性关联的对象指定属性的位置。

4. 文字设置

"文字设置"选项组用于设定属性文字的对正、样式、高度和旋转。

● 对正：用于设置属性文字相对于参照点的排列方式。
● 文字样式：指定属性文字的预定义样式。显示当前加载的文字样式。
● 注释性：指定属性为注释性。如果块是注释性的，则属性将与块的方向相匹配。
● 文字高度：指定属性文字的高度。
● 旋转：指定属性文字的旋转角度。
● 边界宽度：换行至下一行前，指定多行文字属性中一行文字的最大长度。此选项不适用于单行文字属性。

5. 在上一个属性定义下对齐

该选项用于将属性标记直接置于之前定义的属性下面。如果之前没有创建属性定义，则此选项不可用。

> 📖 **知识点拨**
>
> 属性块是由图形对象和属性对象组成。对块添加属性后，其块中的文字内容可以变化。这些属性图块在施工图纸中也是经常被运用到的。

5.2.2 块属性管理器

当图块中包含属性定义时，属性将作为一种特殊的文本对象也一同被插入。此时即可使用"块属性管理器"工具编辑之前定义的块属性，然后使用"增强属性管理器"工具将属性标记赋予新值，使之符合相似图形对象的设置要求。

1. 块属性管理器

当编辑图形文件中多个图块的属性定义时，可以使用块属性管理器重新设置属性定义的构成、文字特性和图形特性等属性。

在"插入"选项卡的"块定义"面板中单击"管理属性"按钮，将打开"块属性管理器"对话框，如图 5-19 所示。

在该对话框中各选项含义介绍如下。

图 5-19　"块属性管理器"对话框

- 块：列出具有属性的当前图形中的所有块定义，选择要修改属性的块。
- 属性列表：显示所选块中每个属性的特性。
- 同步：更新具有当前定义的属性特性的选定块的全部实例。
- 上移：在提示序列的早期阶段移动选定的属性标签。选定固定属性时，"上移"按钮不可使用。
- 下移：在提示序列的后期阶段移动选定的属性标签。选定常量属性时，"下移"按钮不可使用。
- 编辑：可打开"编辑属性"对话框，从中可以修改属性特性，如图 5-20 所示。
- 删除：从块定义中删除选定的属性。
- 设置：打开"块属性设置"对话框，从中可以自定义"块属性管理器"中属性信息的列出方式，如图 5-21 所示。

图 5-20　"编辑属性"对话框

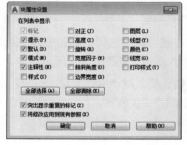

图 5-21　"块属性设置"对话框

2. 增强属性编辑器

增强属性编辑器功能主要用于编辑块中定义的标记和值属性，与块属性管理器设置方法基本相同。

在"插入"选项卡的"块"面板中单击"编辑属性"下拉按钮，在展开的下拉列表中单击"单个"按钮，选择属性块，或者直接双击属性块，都将打开"增强属性编辑器"对话框，如图 5-22 所示。

图 5-22　"增强属性编辑器"对话框

在该对话框中可指定属性块标记，在"值"文本框为属性块标记赋予值。此外，还可以分别利用"文字选项"和"特性"选项卡设置图块不同的文字格式和特性，如更改文字的格式、文字的图层、线宽以及颜色等属性。

实例：为建筑剖面图添加标高

下面将利用创建属性块命令，为别墅剖面图添加标高尺寸。

Step 01 打开本书配套的素材文件。执行"直线"命令，绘制标高符号图形，如图 5-23 所示。

Step 02 在命令行中输入 B 快捷命令并按回车键，打开"块定义"对话框，单击"选择对象"按钮，如图 5-24 所示。

图 5-23　绘制标高符号图形　　　　　图 5-24　单击"选择对象"按钮

Step 03 在绘图区中选择标高图形后按回车键，返回至对话框，单击"拾取点"按钮，在绘图区中指定插入基点，如图 5-25 所示。

Step 04 指定插入基点后返回至上一级对话框，在"名称"文本框中输入块名称，再单击"确定"按钮，如图 5-26 所示。

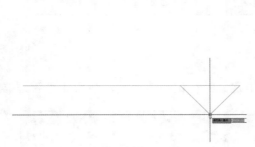

图 5-25　指定插入基点　　　　　　　图 5-26　输入块名称

Step 05 执行"定义属性"按钮，打开"属性定义"对话框，在"标记"文本框中输入标记并更改"文字高度"数值，如图 5-27 所示。

Step 06 单击"确定"按钮，根据命令行提示，指定标记的起点，如图 5-28 所示。

Step 07 完成后，将标高移动至立面图形的地坪线处，如图 5-29 所示。

Step 08 执行"镜像"命令，为低于地坪线处的水平线添加标高，如图 5-30 所示。

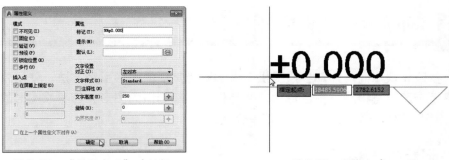

图 5-27　"属性定义"对话框　　　　　　图 5-28　指定起点

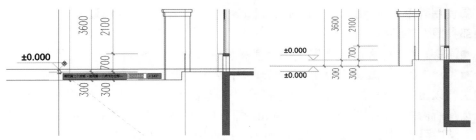

图 5-29　移动标高符号　　　　　　　　图 5-30　添加标高

Step 09 双击属性标记，打开"编辑属性定义"对话框，更改标记内容，如图 5-31 所示。

Step 10 单击"确定"按钮，完成标记的更改，如图 5-32 所示。

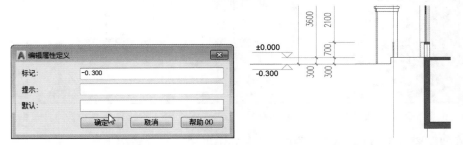

图 5-31　更改标记内容　　　　　　　　图 5-32　完成标高标记的更改

Step 11 重复上述步骤，为图形添加标高符号，如图 5-33 所示。

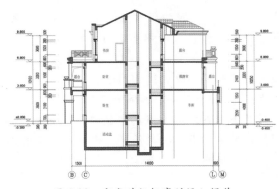

图 5-33　完成其他标高的添加操作

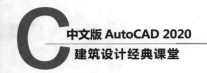
5.3 外部参照的应用

外部参照和块不同，外部参照提供了一种更为灵活的图形引用方法。使用外部参照可以将多个图形链接到当前图形中，并且作为外部参照的图形会随着原图形的修改而更新。下面将对外部参照功能进行简单介绍。

5.3.1 附着外部参照

要使用外部参照图形，先要附着外部参照文件。用户可以通过以下方法调出"附着外部参照"对话框。

- 在菜单栏中执行"工具"|"外部参照和块在位编辑"|"打开参照"命令。
- 在"插入"选项卡的"参照"面板中单击"附着"按钮。

执行以上任意一项操作，都能够打开"选择参照文件"对话框，如图 5-34 所示。在此选择所需的文件，单击"打开"按钮，即可打开"附着外部参照"对话框，如图 5-35 所示。从中可将图形文件以外部参照的形式插入到当前的图形中。

图 5-34　"选择参照文件"对话框　　　　图 5-35　"附着外部参照"对话框

在"附着外部参照"对话框中，各主要选项的含义介绍如下。

- 浏览：单击该按钮，可打开"选择参照文件"对话框，从中可以为当前图形选择新的外部参照。
- 参照类型：用于指定外部参照为附着型还是覆盖型。与附着型的外部参照不同，当覆盖型外部参照的图形作为外部参照附着到另一图形时，将忽略该覆盖型外部参照。
- 比例：用于指定所选外部参照的比例因子。
- 插入点：用于指定所选外部参照的插入点。
- 路径类型：设置是否保存外部参照的完整路径。如果选择该选项，外部参照的路径将保存到数据库中，否则将只保存外部参照的名称而不保存其路径。
- 旋转：为外部参照引用指定旋转角度。

5.3.2　管理外部参照

用户可利用参照管理器对外部参照文件进行管理，如查看附着到 DWG 文件的文件参照，或者编辑附件的路径。参照管理器是一种外部应用程序，使用户可以检查图形文件可能附着的任何文件。用户可以通过以下方式打开"外部参照"选项板。

- 在菜单栏中执行"插入"|"外部参照"命令。
- 在"插入"选项卡的"参照"面板中单击右侧三角箭头按钮 ⊾。
- 在命令行中输入 XREF 命令并按回车键。

执行以上任意一种方法即可打开"外部参照"选项板，如图 5-36 所示。其中各选项的含义介绍如下。

- 附着 ：单击"附着"按钮，即可添加不同格式的外部参照文件。
- 文件参照：显示当前图形中各种外部参照的文件名称。
- 详细信息：显示外部参照文件的详细信息。
- 列表图 ：单击该按钮，图形以列表的形式显示。
- 树状图 ：单击该按钮，图形以树的形式显示。

图 5-36　"外部参照"选项板

> **知识点拨**
>
> 　　在文件参照列表框中，用鼠标右键单击外部文件，即可打开快捷菜单，用户可以根据快捷菜单的命令编辑外部文件。

5.3.3　编辑外部参照

块和外部参照都被视为参照，用户可以使用在位参照编辑来修改当前图形中的外部参照，也可以自定义当前图形中的块。

用户可以通过以下方式打开"参照编辑"对话框。

- 在菜单栏中执行"工具"|"外部参照和块在位编辑"|"在位编辑参照"命令。
- 在"插入"选项卡的"参照"面板中单击"参照"下拉按钮，在弹出的列表中单击"编辑参照"按钮 。
- 在命令行中输入 REFEDIT 命令并按回车键。
- 双击需要编辑的外部参照图形。

5.4 设计中心的使用

设计中心是一个直观高效的工具，用户通过设计中心可以浏览、查找、预览和管理 AutoCAD 图形。可以将原图形中的任何内容拖动到当前图形中，还可以对图形进行修改，使用起来非常方便。

5.4.1 "设计中心"选项板

"设计中心"选项板用于浏览、查找、预览以及插入内容，包括块、图案填充和外部参照。

用户可以通过以下方法打开如图 5-37 所示的选项板。

- 在菜单栏中执行"工具"|"选项板"|"设计中心"命令。
- 在"视图"选项卡的"选项板"面板中单击"设计中心"按钮。
- 按 Ctrl+2 组合键。

图 5-37 "设计中心"选项板

"设计中心"选项板主要由工具栏、选项卡、内容窗口、树状视图窗口、预览窗口和说明窗口 6 个部分组成。

1. 工具栏

工具栏控制着树状图和内容区中信息的显示，各选项作用如下。

- 加载：单击该按钮，可显示"加载"对话框（标准文件选择对话框）。使用"加载"浏览本地和网络驱动器或 Web 上的文件，然后选择内容加载到内容区域。
- 上一级：单击该按钮，将会在内容窗口或树状视图中显示上一级内容、内容类型、内容源、文件夹、驱动器等内容。
- 搜索：单击该按钮，在打开的"搜索"对话框中可以快速查找诸如图形、块、图层及尺寸样式等图形内容。
- 主页：将设计中心返回到默认文件夹。可以使用树状图中的快捷菜单更改默认文件夹。
- 树状图切换：显示和隐藏树状视图。若绘图区域需要更多的空间，则可以隐藏树状图。树状图隐藏后，可以使用内容区域浏览器并加载内容。在树状图中使用"历史记录"列表时，"树状图切换"按钮不可用。
- 预览：显示和隐藏内容区域窗格中选定项目的信息。

- 说明▤: 显示和隐藏内容区域窗格中选定项目的文字说明。
- 视图▤▾: 在下拉列表中可以选择显示的视图类型。

2. 选项卡

设计中心由3个选项卡组成,分别为"文件夹""打开的图形"和"历史记录"。

- 文件夹: 该选项卡可浏览本地磁盘或局域网中所有的文件夹、图形和项目内容。
- 打开的图形: 该选项卡显示了所有打开的图形,以便查看或复制图形内容。
- 历史记录: 该选项卡主要用于显示最近编辑过的图形名称及目录。

5.4.2 插入设计中心内容

通过设计中心可以方便地在当前图形中插入图块、引用图像和外部参照,以及在图形之间复制图层、图块、线型、文字样式、标注样式和用户定义等内容。

打开"设计中心"选项板,在"文件夹列表"中查找文件的保存目录,并在内容区域用鼠标右键单击需要插入为块的图形,在弹出的快捷菜单中选择"插入为块"命令,如图5-38所示。打开"插入"对话框,从中进行相应的设置,单击"确定"按钮即可,如图5-39所示。

图 5-38 选择"插入为块"命令

图 5-39 "插入"对话框

知识拓展

使用"设计中心"插入图形文件时,可以浏览未打开图纸中的各种图形数据,在"设计中心"的内容区中,可以将一个或多个项目拖动到当前文件中。此方法类似于外部参照块,但与其不同的是,以插入外部块的方式插入的块在更改块定义的源文件时,包含此块的图形的块定义并不会自动更新,而通过"设计中心"可以决定是否更新当前图形中的块定义。

课堂实战:完善仿古建筑立面图

在学习了本章内容后,下面通过具体案例练习来巩固所学的知识。本案例将利用创建块、插入块等命令来完善古建筑立面图形。

Step 01 打开本书配套的素材文件。执行"矩形"命令，绘制长 1500mm，宽 600mm 的倒角矩形，倒角距离都设为 80，如图 5-40 所示。

命令行提示内容如下：

```
命令：_rectang
指定第一个角点或 [倒角(C)/标高(E)/圆角(F)/厚度(T)/宽度(W)]：c（选择"倒角"选
项，按回车键）
指定矩形的第一个倒角距离 <0.0000>：80 （输入两个倒角距离，按回车键）
指定矩形的第二个倒角距离 <80.0000>：80
指定第一个角点或 [倒角(C)/标高(E)/圆角(F)/厚度(T)/宽度(W)]： （指定矩形起点）
指定另一个角点或 [面积(A)/尺寸(D)/旋转(R)]：@1500,600 （输入长和宽的值，按回车键）
```

注意事项

在输入矩形长、宽值时，用户需要用逗号隔开，也就是说输入长度值后，然后输入"，"（逗号），再输入宽度值，否则无法绘制出规定尺寸的矩形。

Step 02 执行"偏移"命令，将矩形向内偏移 30mm，如图 5-41 所示。

图 5-40 绘制倒角矩形　　图 5-41 偏移倒角矩形

Step 03 按照上述操作方法，绘制长、宽都是 380mm 的倒角矩形，倒角距离都设为 50，并将其放置在大矩形合适的位置，如图 5-42 所示。

Step 04 执行"偏移"命令，将小矩形向内偏移 20mm，效果如图 5-43 所示。

图 5-42 绘制小的倒角矩形　　图 5-43 偏移倒角矩形

Step 05 执行"复制"命令，将小的倒角矩形进行复制，如图 5-44 所示。

Step 06 执行"直线"命令，绘制矩形内的辅助中线，如图 5-45 所示。

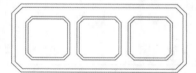 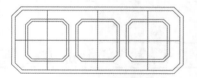

图 5-44 复制矩形　　图 5-45 绘制辅助中线

Step 07 执行"偏移"命令，将辅助中线分别向两侧依次偏移 50mm 和 20mm，如图 5-46 所示。

Step 08 删除辅助中线。执行"修剪"命令，按两次回车键，将偏移后的图形进行修剪操作，完成中式窗格图形的绘制，效果如图 5-47 所示。

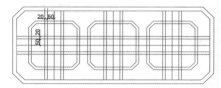

图 5-46　偏移辅助中线

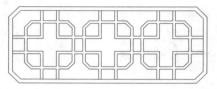

图 5-47　修剪后的图形

Step 09 执行"创建块"命令，打开"块定义"对话框，单击"选择对象"按钮，选择刚绘制的窗格图形，单击"拾取点"按钮，指定好窗格图形的基点，返回到对话框，输入块名称，如图 5-48 所示。

Step 10 单击"确定"按钮，完成窗格图块的创建，如图 5-49 所示。

图 5-48　创建块

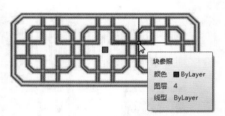

图 5-49　完成窗格图块的创建

Step 11 将创建好的窗格图块移至古建筑围墙合适的位置，并执行"复制"命令，将其进行复制，效果如图 5-50 所示。

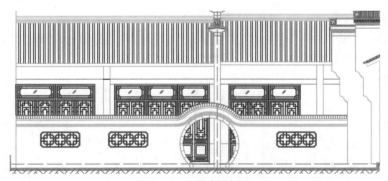

图 5-50　复制窗格图块

Step 12 在命令行中输入 I 快捷命令，按回车键后打开"块"选项板。单击该选项板右上角 … 按钮，如图 5-51 所示。

Step 13 在打开的"选择图形文件"对话框中选择"人物.dwg"图块，单击"打开"按钮，如图 5-52 所示。

图 5-51　打开"块"选项板　　　　　　　　　图 5-52　选择图块文件

Step 14 返回到"块"选项板，选中人物图块，将其拖入绘图区中，调整好该图块的位置和大小，即可完成人物图块的插入操作，如图 5-53 所示。

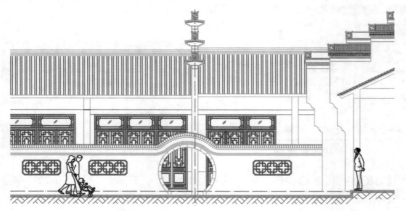

图 5-53　插入人物图块

Step 15 按照同样的操作方法，将植物图块也插入到立面图中。适当放大植物图块，并将其放在合适位置，至此古建筑立面图绘制完成，最终效果如图 5-54 所示。

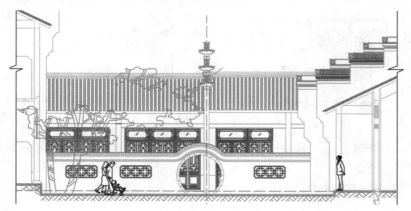

图 5-54　最终效果图

🖥 课后作业

为了让用户能够更好地掌握本章所学的知识，下面将安排一些 ACAA 认证考试的参考试题，让用户对所学的知识进行巩固和练习。

一、填空题

1. 在 AutoCAD 中，使用 _____ 命令，可以将文件中的块作为单独的对象保存为一个新文件，被保存的新文件可以被其他对象使用。

2. 使用 _____ 命令，先建立一个属性定义来描述属性特征，包括 _____、_____、_____、_____、_____ 以及可选模式等。

3. _____ 是跟随当前图形文件一起保存的，存储在当前图形文件内部。因此，该图块只能在当前图形中使用，不能被其他图形文件调用。

二、选择题

1. 下列（　　）不能用块属性管理器进行修改。

   A. 属性的个数

   B. 属性的可见性

   C. 属性所在的图层和属性行的颜色、宽度及类型

   D. 属性文字如何显示

2. 如果对属性块进行分解，那么其属性将会显示为（　　）。

   A. 属性值　　　　B. 提示　　　　C. 标记　　　　D. 什么都不显示

3. 在属性定义框中，（　　）选框不设置将无法定义块属性。

   A. 固定　　　　B. 标记　　　　C. 提示　　　　D. 默认

4. 删除块属性时，下列说法正确的是（　　）。

   A. 如果需要删除所有属性，则需要重定义块

   B. 块属性不能删除

   C. 可以从块定义和当前图形中现有的块参照中删除属性，删除的属性会立即从绘图区域中消失

   D. 可以从块中删除所有的属性

三、操作题

1. 创建液晶电视图块

本实例将利用绘图命令绘制电视图形，并将其创建成图块，效果如图 5-55 所示。

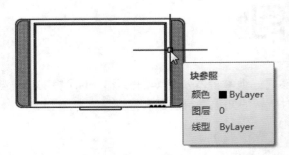

图 5-55　创建电视机图块

⚠ **操作提示：**

Step 01 执行"矩形""分解""偏移""修剪"等命令，绘制电视图形。

Step 02 执行"创建块"命令，将电视机图形创建成块。

2. 创建立面轴号

　　本实例将利用相关绘图命令绘制立面轴号图形，并将其创建成带有属性的图块，效果如图 5-56 所示。

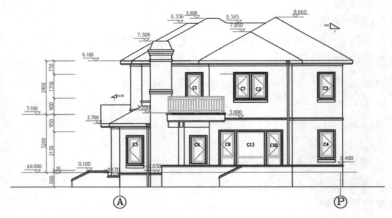

图 5-56　创建立面轴号属性图块

⚠ **操作提示：**

Step 01 执行"圆""直线"命令，绘制轴号图标。执行"创建块"命令，将其创建成块。

Step 02 执行"定义属性"命令，添加轴号标记。复制轴号并修改标记即可。

第6章

尺寸标注详解

内容导读

尺寸标注是图纸的一个重要组成部分，也是一项不可或缺的元素。它不仅能够直观地表达出各类图形的大小，也能够快速地让人了解各个图形之间的关系。本章将向读者介绍如何对建筑图纸进行尺寸标注的操作，其中包括创建与设置标注样式、引线标注、编辑标注对象等内容，掌握好这些方法能够有效地节省绘图时间。

学习目标

▲ 熟悉标注的基本规则　　　　　　　▲ 掌握尺寸标注的编辑操作

▲ 掌握创建和设置标注样式　　　　　▲ 掌握多重引线的设置

▲ 掌握尺寸标注的方法

6.1 尺寸标注的规则

尺寸标注是工程绘图设计中的一项重要内容，它描述了图形对象的真实大小、形状和位置，是实际生活和生产中的重要依据。下面将为用户介绍标注的组成要素以及基本规则。

6.1.1 标注的组成要素

一个完整的尺寸标注具有尺寸界线、尺寸线、尺寸起止符号和尺寸数字 4 个要素，如图 6-1 所示。

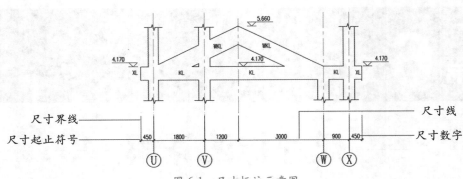

图 6-1 尺寸标注示意图

尺寸标注基本要素的作用与含义如下。

● 尺寸界线：也称为投影线，从被标注的对象延伸到尺寸线。尺寸界线一般与尺寸线垂直，特殊情况下也可以将尺寸界线倾斜。有时也用对象的轮廓线或中心线代替尺寸界线。

● 尺寸线：表示尺寸标注的范围。通常与所标注的对象平行，一端或两端带有终端号，如箭头或斜线，角度标注的尺寸线是圆弧线。

● 尺寸起止符号：位于尺寸线两端，用于标记标注的起始和终止位置。箭头的范围很广，既可以是短划线、点或其他标记，也可以是块，还可以是用户创建的自定义符号。

● 尺寸数字：用于指示测量的字符串，一般位于尺寸线上方或中断处。标注文字可以反映基本尺寸，也可以包含前缀、后缀和公差，还可以按极限尺寸形式标注。如果尺寸界线内放不下尺寸文字，AutoCAD 将会自动将其放到外部。

6.1.2 标注的基本规则

国家标准《机械制图 尺寸注法》（GB/T4458.4—2016），对图形尺寸标注时应遵循的有关规则做了明确规定。

1. 基本规则

在制图过程中，对绘制的图形进行尺寸标注时，应遵循以下 5 个规则：

● 图样上所标注的尺寸数为图形的真实大小，与绘图比例和绘图的准确度无关。

● 图形中的尺寸以系统默认值mm（毫米）为单位时，不需要计算单位代号或名称，如果采用其他单位，则必须注明相应计量的代号或名称，如"度"的符号"°"和英寸的符号"″"等。

● 图样上所标注的尺寸数值应为工程图形完工的实际尺寸，否则需要另外说明。

● 建筑图形中的每个尺寸一般只标注一次，并标注在最能清晰表现该图形结构特征的视图上。

● 尺寸的配置要合理，功能尺寸应该直接标注，尽量避免在不可见的轮廓线上标注尺寸，数字之间不允许有任何图线穿过，必要时可以将图线断开。

2. 尺寸数字

- 线性尺寸的数字一般应注写在尺寸线的上方，也允许标注在尺寸线的中断处。
- 线性尺寸数字的方向，以平面坐标系的 Y 轴为分界线，左侧按顺时针方向标注在尺寸线的上方，右侧按逆时针方向标注在尺寸线的上方，但在与 Y 轴正负方向成 $30°$ 角的范围内不标注尺寸数字。在不引起误解时，也允许采用引线标注。但在一张图样中，应尽可能采用一种方法。
- 角度的数字一律写成水平方向，一般注写在尺寸线的中断处。必要时也可使用引线标注。
- 尺寸数字不可被任何图线所通过，否则必须将该图线断开。

3. 尺寸线

- 尺寸线用细实线绘制，其终端可以使用箭头和斜线两种形式。箭头适用于各种类型的图样，但在实践中多用于机械制图，斜线多用于建筑制图。斜线用细实线绘制，当尺寸线的终端采用斜线形式时，尺寸线与尺寸界线必须相互垂直。
- 当尺寸线与尺寸界线相互垂直时，同一张图样中只能采用一种尺寸线终端的形式。当采用箭头时，如果空间位置不足，允许用圆点或斜线代替箭头。
- 标注线性尺寸时，尺寸线必须与所标注的线段平行。尺寸线不能用其他图线代替，一般也不得与其他图线重合或画在其延长线上。
- 标注角度时，尺寸线应画成圆弧，其圆心是该角的顶点。
- 当对称机件的图形只画出一半或略大于一半时，尺寸线应略超过对称中心线或断裂处的边界线，此时仅在尺寸线的一端画出箭头。

4. 尺寸界线

- 尺寸界线用细实线绘制，并应由图形的轮廓线、轴线或对称中心线处引出。也可利用轮廓线、轴线或对称中心线作为尺寸界线。
- 当表示曲线轮廓上各点的坐标时，可将尺寸线或其延长线作为尺寸界线。
- 尺寸界线一般应与尺寸线垂直，必要时才允许倾斜。
- 标注角度的尺寸界线应径向引出。标注弦长或弧长的尺寸界线应平行于该弦的垂直平分线，当弧度较大时，可沿径向引出。

5. 标注尺寸的符号

- 标注直径时，应在尺寸数字前加注符号"Φ"；标注半径时，应在尺寸数字前加注符号"R"；标注球面的直径或半径时，应在符号"Φ"或"R"前再加注符号"S"。
- 标注弧长时，应在尺寸数字上方加注符号"⌒"。
- 标注参考尺寸时，应将尺寸数字加上圆括弧。
- 当需要指明半径尺寸是由其他尺寸所确定时，应用尺寸线和符号"R"标出，但不要注写尺寸数。

123

6.2 尺寸样式的创建与标注

通常在标注尺寸时，需要先对尺寸样式进行一番设置。例如，设置尺寸界线样式、颜色、尺寸起止符、尺寸文字等。下面将向用户介绍尺寸标注的具体设置和应用。

6.2.1 创建尺寸样式

标注样式可以控制尺寸标注的格式和外观，建立和强制执行图形的绘图标准，这样便于对标注格式和用途进行修改。用户可以利用"标注样式管理器"对话框创建与设置标注样式。调出该对话框可以通过以下方法。

- 在菜单栏中执行"格式"|"标注样式"命令。
- 在"默认"选项卡的"注释"面板中单击"标注样式"按钮。
- 在"注释"选项卡的"标注"面板中单击右下角箭头。
- 在命令行中输入 DIMSTYLE 命令，然后按回车键。

执行以上任意一种操作后，都将打开"标注样式管理器"对话框，如图 6-2 所示。在该对话框中，用户可以创建新的标注样式，也可以对已定义的标注样式进行设置。

"标注样式管理器"对话框中各选项的含义介绍如下。

- 样式：列出图形中的标注样式。当前样式亮显。在列表中单击鼠标右键可显示快捷菜单及选项，可用于将设定样式置为当前、重命名样式和删除样式。不能删除当前样式或当前图形使用的样式。

- 列出：在"样式"列表中控制样式显示。如果要查看图形中所有的标注样式，选择"所有样式"选项。如果只希望查看图形中当前使用的标注样式，则选择"正在使用的样式"选项。

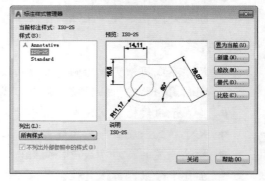

图 6-2 "标注样式管理器"对话框

- 预览：显示"样式"列表中选定样式的图示。

- 置为当前：将在"样式"列表下选定的标注样式设定为当前标注样式，当前样式将应用于所创建的标注。

- 新建：显示"创建新标注样式"对话框，从中可以定义新的标注样式。

- 修改：显示"修改标注样式"对话框，从中可以修改标注样式。该对话框选项与"新建标注样式"对话框中的选项相同。

- 替代：显示"替代当前样式"对话框，从中可以设定标注样式的临时替代值。该对话框选项与"新建标注样式"对话框中的选项相同。替代将作为未保存的更改结果显示在"样式"列表中的标注样式下。

- 比较：显示"比较标注样式"对话框，从中可以比较两个标注样式或列出一个标注样式的所有特性。

在"标注样式管理器"对话框中，单击"新建"按钮，可打开"创建新标注样式"对话框，如图 6-3 所示。其中各选项的含义介绍如下。

- 新样式名：指定新的标注样式名。
- 基础样式：设定作为新样式的基础样式。对于新样式，仅更改那些与基础特性不同的特性。
- 用于：创建一种仅适用于特定标注类型的标注子样式。
- 继续：单击该按钮，可打开"新建标注样式"对话框，从中可以定义新的标注样式特性。

图 6-3 "创建新标注样式"对话框

"新建标注样式"对话框中包含了 7 个选项卡，在各个选项卡中可对标注样式进行相关设置，如图 6-4 和图 6-5 所示。

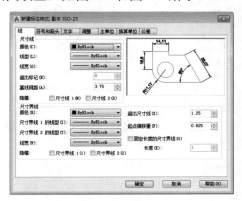

图 6-4 "线"选项卡

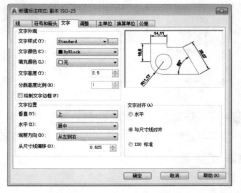

图 6-5 "文字"选项卡

其中，各选项卡的功能介绍如下。

- 线：主要用于设置尺寸线、尺寸界线的相关参数。
- 符号和箭头：主要用于设置箭头、圆心标记、弧长符号和折弯半径标注的格式和位置。
- 文字：主要用于设置文字的外观、位置和对齐方式。
- 调整：主要用于控制标注文字、箭头、引线和尺寸线的位置。
- 主单位：主要用于设定主标注单位的格式和精度，并设定标注文字的前缀和后缀。
- 换算单位：主要用于指定标注测量值中换算单位的显示，并设定其格式和精度。
- 公差：主要用于指定标注文字中公差的显示及格式。

📝 知识点拨

　　尺寸标注创建完成后，用户可对其进行修改编辑。在命令行中输入 CH 快捷命令，按回车键后即可打开"特性"选项板，用户可以在该选项板中对尺寸标注进行修改。

实例：为建筑立面图创建标注样式

　　下面将以创建建筑立面图标注样式为例，来具体介绍创建标注样式的操作方法。

Step 01 新建文件，在菜单栏中执行"格式"|"标注样式"命令，打开"标注样式管理器"对话框，单击"新建"按钮，如图 6-6 所示。

Step 02 弹出"创建新标注样式"对话框，设置新样式名为"建筑立面"，单击"继续"按钮，如图 6-7 所示。

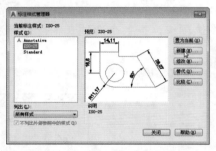

图 6-6　单击"新建"按钮　　　　　图 6-7　设置新样式名

Step 03 在"新建标注样式：建筑立面"对话框的"线"选项卡中，设置尺寸线颜色为"洋红"，选中"固定长度的尺寸界线"复选框，并设置其值为 200，如图 6-8 所示。

Step 04 切换到"符号和箭头"选项卡中，设置箭头类型为"建筑标记"，将"箭头大小"设为20，如图 6-9 所示。

图 6-8　"线"选项卡　　　　　图 6-9　"符号和箭头"选项卡

Step 05 切换到"文字"选项卡中，设置"文字高度"为 50，"文字位置"为"从尺寸线偏移"2.5，如图 6-10 所示。

Step 06 切换到"调整"选项卡中，用户可以设置文字的位置，这里为默认，如图 6-11 所示。

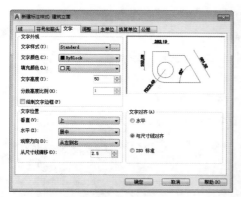
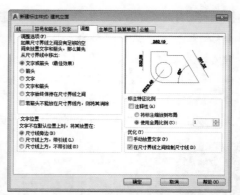

图 6-10　设置"文字"选项卡　　　　图 6-11　设置"调整"选项卡

📖 知识点拨

　　如果需要对设置好的标注样式进行修改，只需在"标注样式管理器"对话框中选择要修改的样式，单击"修改"按钮，系统会打开修改样式对话框，在此用户可以将其样式重新设置。

Step 07 切换到"主单位"选项卡中，设置"线性标注"的"精度"为 0，其他为默认，单击"确定"按钮，如图 6-12 所示。

Step 08 依次单击"置为当前""关闭"按钮完成标注设置，如图 6-13 所示。

图 6-12　设置"主单位"选项卡　　　　图 6-13　完成标注设置

6.2.2　添加尺寸标注

　　尺寸样式设置完成后，接下来用户就可以利用各种标注命令来为图形进行尺寸标注。AutoCAD 软件为用户提供了多种尺寸标注类型，它们可以在图形中标注任意两点间的距离、圆或圆弧的半径和直径、圆心位置、圆弧或相交直线的角度等。

1. 线性标注

　　线性标注是最基本的标注类型，它可以在图形中创建水平、垂直或倾斜的尺寸标注。

线性标注有 3 种类型。通过以下方法可以调用"线性"标注命令。

- 在菜单栏中执行"标注"|"线性"命令。
- 在"默认"选项卡的"注释"面板中单击"线性"按钮├─┤。
- 在"注释"选项卡的"标注"面板中单击"线性"按钮├─┤。
- 在命令行中输入 DIMLINEAR 命令,然后按回车键。

执行以上任意一种操作后,用户可以根据命令行中的提示信息来进行标注。

```
命令：_dimlinear
指定第一个尺寸界线原点或 <选择对象>：                      （指定第一个标注点）
指定第二条尺寸界线原点：                                  （指定第二个标注点）
指定尺寸线位置或
[多行文字(M)/文字(T)/角度(A)/水平(H)/垂直(V)/旋转(R)]：r     （输入R,选择"旋
转"选项）
指定尺寸线的角度<0>： 指定第二点：          （输入旋转角度值,按回车键,并指定两个标注点）
指定尺寸线位置或
[多行文字(M)/文字(T)/角度(A)/水平(H)/垂直(V)/旋转(R)]：
标注文字 =
```

其中,命令行中部分选项的含义介绍如下。

- 尺寸界线原点：指定第一条尺寸界线的原点之后,将提示指定第二条尺寸界线的原点。
- 尺寸线位置：AutoCAD 使用指定点定位尺寸线,并且确定绘制尺寸界线的方向。指定位置之后将进行尺寸标注。
- 多行文字：显示在位文字编辑器,可用它来编辑标注文字。用尖括号 (< >) 表示生成的测量值。要给生成的测量值添加前缀或后缀,请在尖括号前后输入前缀或后缀。
- 文字：在命令行提示下,自定义标注文字。生成的标注测量值显示在尖括号中。如果标注样式中未打开换算单位,可以通过输入方括号 ([ ]) 来显示换算单位。
- 角度：用于设置标注文字（测量值）的旋转角度。
- 水平：标注平行于 X 轴的两点之间的距离,如图 6-14 所示。
- 垂直：标注平行于 Y 轴的两点之间的距离,如图 6-15 所示。
- 旋转：标注指定方向上两点之间的距离,如图 6-16 所示。

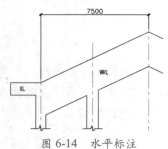

图 6-14 水平标注

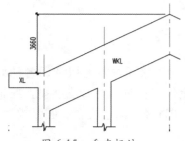

图 6-15 垂直标注

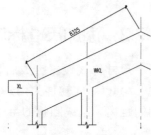

图 6-16 30°角标注

注意事项

在"选择对象"模式下，系统只允许用拾取框选择标注对象，不支持其他方式。选择标注对象后，AutoCAD 将自动把标注对象的两个端点作为尺寸界线的起点。

2. 对齐标注

对齐标注是指尺寸线平行于尺寸界线原点连成的直线，它是线性标注尺寸的一种特殊形式，如图 6-17 所示。

用户可以通过以下方法执行"对齐"标注命令。

- 在菜单栏中执行"标注"|"对齐"命令。
- 在"默认"选项卡的"注释"面板中单击"对齐"按钮 。
- 在"注释"选项卡的"标注"面板中单击"对齐"按钮 。
- 在命令行中输入 DIMALIGNED 命令，然后按回车键。

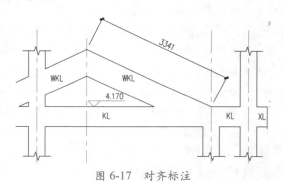

图 6-17 对齐标注

执行"对齐"标注命令后，在绘图窗口中分别指定要标注的第一个点和第二个点，并指定好标注尺寸位置，即可完成对齐标注。

3. 角度标注

角度标注用于标注圆和圆弧的角度、两条非平行线之间的夹角或者不共线的三点之间的夹角。用户可以通过以下方法执行"角度"标注命令。

- 在菜单栏中执行"标注"|"角度"命令。
- 在"注释"选项卡的"标注"面板中单击"角度"按钮 。
- 在命令行中输入 DIMANGULAR 命令，然后按回车键。

执行以上任意一种操作后，选择两条夹角边线，然后指定好尺寸线位置即可，如图 6-18 和图 6-19 所示。

命令行提示内容如下：

```
命令：_dimangular
选择圆弧、圆、直线或 <指定顶点>：    (选择两条夹角边线)
选择第二条直线：
指定标注弧线位置或 [多行文字(M)/文字(T)/角度(A)/象限点(Q)]：    (指定尺寸线位置)
标注文字 = 64
```

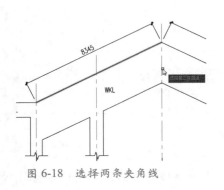

图 6-18 选择两条夹角线

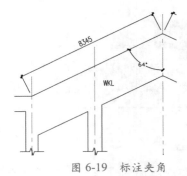

图 6-19 标注夹角

4. 弧长标注

弧长标注用于测量圆弧或多段线圆弧上的距离。弧长标注的尺寸界线可以正交或径向，而且在标注文字的上方或前面将显示圆弧符号。

用户可以通过以下方法执行"弧长"标注命令。

● 在菜单栏中执行"标注"|"弧长"命令。

● 在"注释"选项卡的"标注"面板中单击"弧长"按钮 。

● 在命令行中输入快捷命令 DAR，然后按回车键。

执行"弧长"标注命令后，在绘图窗口中选择要进行标注的圆或圆弧，并指定尺寸标注位置，即可创建出弧长标注，如图6-20 和图 6-21 所示。

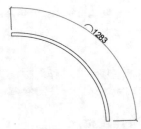

图 6-20 选择弧线   图 6-21 指定尺寸线位置

命令行提示内容如下：

```
命令：_dar
选择弧线段或多段线圆弧段：（选择要测量的弧线）
指定弧长标注位置或 ［多行文字(M)/文字(T)/角度(A)/部分(P)/引线(L)］：    （指定尺
寸线位置）
标注文字 = 1283
```

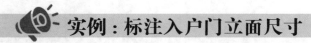

实例：标注入户门立面尺寸

下面将利用上述所介绍的标注命令，为入户门立面图添加相关尺寸标注。

Step 01 打开本书配套的素材文件。执行"线性"命令，根据命令行提示，指定第一个尺寸界线原点，如图 6-22 所示。

Step 02 指定第 2 个尺寸界线原点，再指定尺寸线位置，如图 6-23 所示。

Step 03 选择合适位置，单击鼠标左键，完成线性标注，如图 6-24 所示。

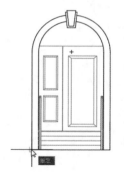 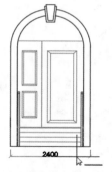 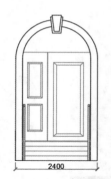

图 6-22 指定第 1 个测量点　图 6-23 指定第 2 个测量点　图 6-24 完成线性标注

Step 04 执行"弧长标注"命令，根据命令行提示，选择要标注的圆弧，并指定好尺寸线位置，标注后效果如图 6-25 所示。

Step 05 继续执行尺寸标注命令，完成其他尺寸标注，最终效果如图 6-26 所示。

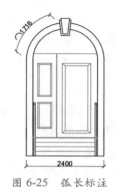 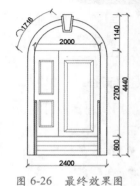

图 6-25 弧长标注　　　图 6-26 最终效果图

5. 半径／直径标注

半径标注主要用于标注图形中的圆或圆弧半径，圆心标注主要用于标注圆弧或圆的圆心。

用户可以通过以下方法执行"半径"标注命令。

● 在菜单栏中执行"标注"|"半径"命令。

● 在"注释"选项卡的"标注"面板中单击"半径"按钮 。

● 在命令行中输入 DIMRADIUS 命令，然后按回车键。

执行"半径"标注命令后，在绘图窗口中选择所需标注的圆或圆弧，并指定好标注尺寸位置，即可完成半径标注，如图 6-27 所示。

而直径标注主要用于标注圆或圆弧的直径尺寸。用户可以通过以下方法执行"直径"标注命令。

● 在菜单栏中执行"标注"|"直径"命令。

● 在"注释"选项卡的"标注"面板中单击"直径"按钮 。

● 在命令行中输入 DIMDIAMETER 命令，然后按回车键。

执行"直径"标注命令后，在绘图窗口中选择要进行标注的圆或圆弧，并指定尺寸标注位置，即可创建出直径标注，如图 6-28 所示。

图 6-27 半径标注 　　　　　　　图 6-28 直径标注

📖 **知识点拨**

当尺寸变量 DIMFIT 取默认值 3 时，半径和直径的尺寸线标注在圆外；当尺寸变量 DIMFIT 的值为 0 时，半径和直径的尺寸线标注在圆内。

6. 快速标注

使用快速标注可以快速创建成组的基线标注、连续标注、阶梯标注和坐标标注，快速标注多个圆、圆弧及编辑现有标注的布局。用户可以通过以下方法执行"快速标注"命令。

- 在菜单栏中执行"标注" | "快速标注"命令。
- 在"注释"选项卡的"标注"面板中单击"快速标注"按钮 。
- 在命令行中输入 QDIM 命令，然后按回车键。

执行以上任意一种操作后，根据命令行中的提示，选择要标注的图形对象，按回车键后指定好尺寸线位置即可，命令行提示如下：

```
命令：_qdim
选择要标注的几何图形：　　（选择所需图形）
指定尺寸线位置或 〔连续 (C) / 并列 (S) / 基线 (B) / 坐标 (O) / 半径 (R) / 直径 (D) / 基准点 (P) /
编辑 (E) / 设置 (T)〕<连续>：　　（指定尺寸线位置）
```

命令行中主要选项的含义介绍如下。

- 连续：创建一系列连续标注，其中线性标注线端对端地沿同一条直线排列。
- 并列：创建一系列并列标注，其中线性尺寸线以恒定的增量相互偏移。
- 基线：创建一系列基线标注，其中线性标注共享一条公用尺寸界线。
- 半径：创建一系列半径标注，其中将显示选定圆弧和圆的半径值。
- 直径：创建一系列直径标注，其中将显示选定圆弧和圆的直径值。
- 基准点：为基线和坐标标注设置新的基准点。
- 编辑：在生成标注之前，删除处于各种考虑而选定的点位置。

7. 连续标注

连续标注可以创建一系列连续的线性、对齐、角度或坐标标注，每一个尺寸的第二个尺寸界线的原点是下一个尺寸的第一个尺寸界线的原点，在使用"连续标注"之前，要标注的对象必须有一个尺寸标注。通过下列方法可执行"连续"标注命令。

● 在菜单栏中执行"标注"|"连续"命令。

● 在"注释"选项卡的"标注"面板中单击"连续"按钮▯▯。

● 在命令行中输入 DIMCONTINUE 命令，然后按回车键。

执行以上任意一项操作后，系统会自动追踪到上一条尺寸界线，并将其作为下一条尺寸界线的原点，根据命令行提示，指定下一条尺寸界线的端点，如图 6-29 所示，然后继续操作直到结束，按 Esc 键取消操作即可，如图 6-30 所示。

命令行提示内容如下：

```
命令：_dimcontinue
选择基准标注：（指定上一条尺寸界线）
指定第二个尺寸界线原点或 [选择(S)/放弃(U)] <选择|：（指定下一个测量点）
```

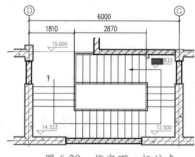 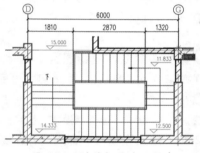

图 6-29　指定下一标注点　　　图 6-30　继续标注直至结束

连续标注要先选取一个基准标注，该基准标注只能是线性标注、角度标注或坐标标注。

8. 基线标注

基线标注是从一个标注或选定标注的基线各创建线性标注、角度标注或坐标标注。系统会使每一条新的尺寸线偏移一段距离，以避免与前一段尺寸线重合，如图 6-31 所示。

用户可以通过以下方法执行"基线"标注命令。

● 在菜单栏中执行"标注"|"基线"命令。

● 在"注释"选项卡的"标注"面板中单击"基线"按钮▯。

● 在命令行中输入 DIMBASELINE 命令，然后按回车键。

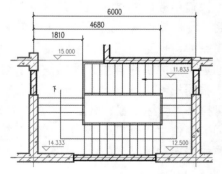

图 6-31　基线标注

执行以上任意一种操作后，系统将自动指定基准标注的第一条尺寸界线作为基线标注的尺寸界线原点，然后用户根据命令行的提示指定第二条尺寸界线原点。选择第二点之后，将绘制基线标注并再次显示"指定第二个尺寸界线原点"提示。

命令行提示内容如下：

```
命令：_dimbaseline
选择基准标注：  （指定第一条尺寸界线）
指定第二个尺寸界线原点或 [选择(S)/放弃(U)] <选择 |:   （指定第二条尺寸界线的位置）
```

9. 快速引线

在绘图过程中，除了尺寸标注外，还有一样工具的运用是必不可少的，就是快速引线工具。在进行图纸的绘制时，为了清晰地表现出材料和尺寸，就需要将尺寸标注和引线标注结合起来，这样图纸才能一目了然。

在 AutoCAD 的菜单栏与功能面板中并没有快速引线这项功能按钮，用户只能通过输入命令 Qleader（QL）调用该命令。通过快速引线命令可以创建以下形式的引线标注。

（1）直线引线

调用快速引线命令，在绘图区中指定一点作为第一个引线点，再移动光标指定下一点，按回车键 3 次，输入注释文字即可完成引线标注，如图 6-32 所示。

（2）转折引线

调用快速引线命令，在绘图区中指定一点作为第一个引线点，再移动光标指定两点，按回车键 2 次，输入注释文字即可完成引线标注，如图 6-33 所示。

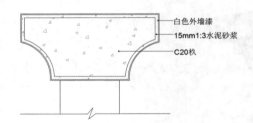

图 6-32　直线引线　　　　　　　　图 6-33　转折引线

快速引线的样式设置同尺寸标注，在"标注样式管理器"对话框中创建好标注样式后，用户就可直接进行尺寸标注与快速引线标注。

另外，也可以通过"引线设置"对话框创建不同的引线样式。调用快速引线命令，根据提示输入快捷命令 S，按回车键即可打开"引线设置"对话框，在"附着"选项卡中选中"最后一行加下划线"复选框，如图 6-34 所示。

图 6-34　"引线设置"对话框

6.3 编辑尺寸标注

　　对图形进行尺寸标注后，用户可以对标注好的文本内容、位置等进行再次编辑。下面将对尺寸标注的编辑与修改进行介绍。

6.3.1 编辑标注文本

　　使用编辑标注命令可以改变尺寸文本或者强制尺寸界线旋转一定的角度。在命令行中输入快捷命令 ED 并按回车键，选择要编辑的文本，此时文本处于编辑状态，如图 6-35 所示。更改其文本内容，如图 6-36 所示，然后单击空白处即可完成编辑操作。

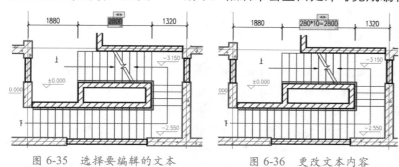

图 6-35　选择要编辑的文本　　　　图 6-36　更改文本内容

　　除了可以更改文字内容外，还可以对文本的位置进行设置。用户可通过下列方法进行文字对齐操作。

● 在菜单栏中执行"标注"|"对齐文字"命令下的子命令。

● 在命令行中输入 DIMTEDIT 命令，然后按回车键。

　　执行以上任意一种操作后，命令行提示内容如下：

```
命令：_dimtedit
选择标注：（选择所需要的尺寸标注）
为标注文字指定新位置或 [左对齐(L)/右对齐(R)/居中(C)/默认(H)/角度(A)]：
```

　　其中，上述命令行中各选项的含义介绍如下。

● 标注文字的位置：移动光标更新标注文字的位置。

● 左对齐：沿尺寸线左对齐标注文字。

● 右对齐：沿尺寸线右对齐标注文字。

● 居中：将标注文字放在尺寸线的中间。

● 默认：将标注文字移回默认位置。

● 角度：修改标注文字的角度，文字的圆心并没有改变。

6.3.2 使用"特性"选项板编辑尺寸标注

　　"特性"选项板提供所有特性设置的最完整列表。如果没有选定对象，可以查看

和更改要用于所有新对象的当前特性；如果选定了单个
对象，可以查看并更改该对象的特性；如果选定了多个
对象，可以查看并更改它们的常用特性。

选择需要编辑的尺寸标注，单击鼠标右键，在弹出
的快捷菜单中选择"特性"命令，即可打开"特性"选项板，
如图 6-37 所示。

编辑尺寸标注的"特性"选项板由常规、其他、直
线和箭头、文字、调整、主单位、换算单位和公差 8 个
卷轴栏组成。这 8 个选项与"修改标注样式"对话框中
的内容基本一致，设置方法也是相同的。

图 6-37　"特性"选项板

6.3.3　更新尺寸标注

在标注建筑图形中，用户可以使用更新标注功能，使其采用当前的尺寸标注样式。
通过以下方法可调用"更新"命令。

- 在菜单栏中执行"标注"|"更新"命令。
- 在"注释"选项卡的"标注"面板中单击"更新"按钮。
- 在命令行中输入 DIMSTYLE 命令并按回车键。

执行"更新"命令后，选择要更新的尺寸标注，按回车键即可完成更新操作。

6.4　多重引线的设置与应用

多重引线主要用于对图形进行注释说明。引线对象可以是直线，也可以是样条曲线。
引线的一端带有箭头标识，另一端带有多行文字或块。下面将对多重引线的操作进行
简单介绍。

6.4.1　多重引线样式

在添加多重引线时，单一的引线样式往往不能满足设计的要求，这就需要预先定
义新的引线样式，即指定基线、引线、箭头和注释内容的格式，用户可通过"标注样
式管理器"对话框创建并设置多重引线样式。

在 AutoCAD 中，通过以下方法可调出"多重引线样式管理器"对话框。

- 在菜单栏中执行"格式"|"多重引线样式"命令。
- 在"默认"选项卡的"注释"面板中单击"多重引线样式"按钮。
- 在"注释"选项卡的"引线"面板中单击右下角箭头。
- 在命令行中输入 MLEADERSTYLE 命令，按回车键即可。

执行以上任意一种操作后，可打开如图 6-38 所示的"多重引线样式管理器"对话框。单击"新建"按钮，打开"创建新多重引线样式"对话框，从中输入样式名并选择基础样式，如图 6-39 所示。单击"继续"按钮，即可在打开的"修改多重引线样式"对话框中对各选项卡进行详细的设置。

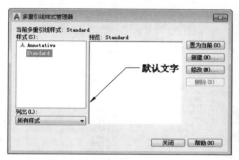

图 6-38　"多重引线样式管理器"对话框

图 6-39　输入新样式名

6.4.2　创建多重引线

设置好引线样式后就可以创建引线标注了，用户可以通过以下方式调用"多重引线"命令。

● 执行"标注"|"多重引线"命令。
● 在"默认"选项卡的"注释"面板中单击"引线"按钮。
● 在"注释"选项卡的"引线"面板中单击"多重引线"按钮。
● 在命令行中输入 MLEADER 命令并按回车键。

执行以上任意一种操作后，用户可以根据命令行中的提示，先指定引线箭头的位置，然后再指定引线基线的位置，最后输入文本内容即可。

命令行提示内容如下：

```
命令：_mleader
指定引线箭头的位置或 〔引线基线优先 (L) / 内容优先 (C) / 选项 (O)〕 <选项>：　　 (指定箭头位置)
指定引线基线的位置：　　 (指定基线端点)
```

知识点拨

有时创建好的引线长短不一，使得画面不太美观。此时用户可使用"对齐引线"功能，将这些引线注释进行对齐操作：执行"注释"|"引线"|"对齐引线"命令，根据命令行提示，选中所有需对齐的引线标注，再选择需要对齐到的引线标注，并指定好对齐方向即可。

课后实战　为联排别墅立面图添加尺寸

在学习了本章内容后，接下来通过具体案例练习来巩固所学的知识。本案例将为联排别墅立面图添加相关的尺寸标注。

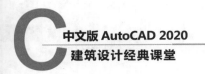

Step 01 打开本书配套的素材文件。执行"标注样式"命令，打开"标注样式管理器"对话框，新建"立面标注"样式名，如图 6-40 所示。

Step 02 单击"继续"按钮，打开"新建标注样式：立面标注"对话框，切换到"主单位"选项卡，将其"精度"设为 0，如图 6-41 所示。

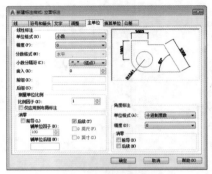

图 6-40　新建标注样式　　　　图 6-41　设置精度

Step 03 切换到"文字"选项卡，设置"文字高度"为 300，其他为默认，如图 6-42 所示。

Step 04 切换到"符号和箭头"选项卡，将箭头样式都设为"建筑标记"，"箭头大小"设为 150，如图 6-43 所示。

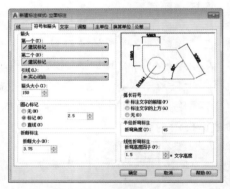

图 6-42　设置文字高度　　　　图 6-43　设置箭头大小

Step 05 切换到"线"选项卡，将"超出尺寸线"设为 50，"起点偏移量"设为 200，如图 6-44 所示。

Step 06 单击"确定"按钮，再依次单击"置为当前"和"关闭"按钮，如图 6-45 所示。

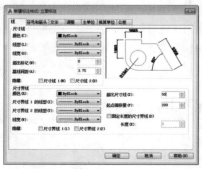
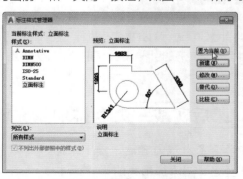

图 6-44　设置"线"选项卡　　　　图 6-45　完成设置操作

Step 07 执行"线性"命令，捕捉两个测量点，并指定好尺寸线的位置，完成该尺寸的标注操作，如图 6-46 所示。

Step 08 执行"连续"命令，继续向上捕捉测量点，指定好尺寸线位置，完成第 1 道尺寸线的标注操作，如图 6-47 所示。

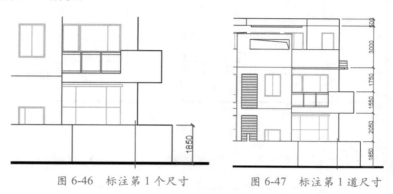

图 6-46　标注第 1 个尺寸　　　　图 6-47　标注第 1 道尺寸

Step 09 执行"线性"命令，标注第 2 道尺寸线，完成纵向尺寸标注操作，如图 6-48 所示。

图 6-48　标注第 2 道尺寸

Step 10 执行"线性"命令，标注横向尺寸线，如图 6-49 所示。

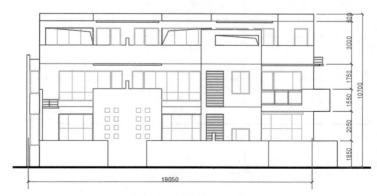

图 6-49　标注横向尺寸线

Step 11 在命令行中输入 QL 快捷命令，启动引线标注命令，指定好引线的起点和端点，如图 6-50 所示。

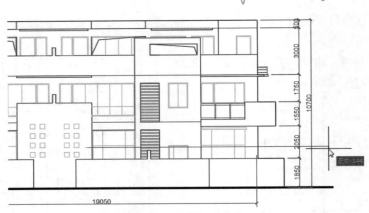

图 6-50　指定引线的起点和端点

Step 12 按 2 次回车键后输入注释内容，再次按回车键完成输入操作，如图 6-51 所示。

图 6-51　添加文字注释

Step 13 执行"复制"命令复制文字注释，双击文字将其修改，至此别墅外墙面尺寸标注完成，效果如图 6-52 所示。

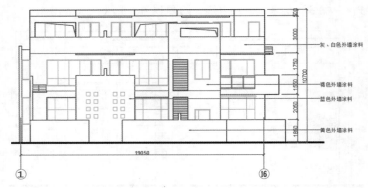

图 6-52　复制并修改文字内容

课后作业

为了让用户能够更好地掌握本章所学的知识，下面将安排一些 ACAA 认证考试的参考试题，让用户对所学的知识进行巩固和练习。

一、填空题

1. 一个完整的尺寸标注是要具有 ＿＿＿＿＿＿、＿＿＿＿＿＿、＿＿＿＿＿＿ 和 ＿＿＿＿＿＿ 这4个要素。

2. ＿＿＿＿＿＿ 用于标注图形对象的线性距离或长度，包括垂直、水平和旋转 3 种类型。

3. 在进行图纸的绘制时，为了清晰地表现出材料和尺寸，就需要将 ＿＿＿＿＿＿ 和 ＿＿＿＿＿＿ 结合起来，这样图纸才能一目了然。

4. 对图纸进行标注之后，用户是可以对标注进行修改的。例如 ＿＿＿＿＿＿、＿＿＿＿＿＿、＿＿＿＿＿＿ 等。

二、选择题

1. 两个相同长度的直线，但其标注尺寸数值不一样，可能的原因是（ ）。

   A. 两个标注的标注线性比例不同

   B. 两个标注的标注全局比例不同

   C. 使用了 DDEDIT 命令对标注进行了修改

   D. 在"特性"选项板中对"文字替代"进行了修改

2. 创建一个标注样式，此标注样式的基准标注为（ ）。

   A. ISO-25   B. 当前标注样式

   C. 应用最多的标注样式   D. 命名最靠前的标注样式

3. 在标注样式设置中，如果"使用全局比例"值增大，将改变尺寸的（ ）内容。

   A. 使标注的测量值增大   B. 使全图的箭头增大

   C. 使所有标注样式设置增大   D. 使尺寸文字增大

4. 使用"快速标注"命令标注圆或圆弧时，不能自动标注（ ）选项。

   A. 基线   B. 圆心

   C. 直线   D. 半径

三、操作题

1. 为玄关图纸添加尺寸标注

本实例将利用相关标注命令，为玄关立面图添加尺寸标注，效果如图 6-53 所示。

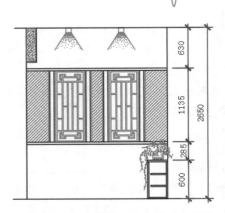

图 6-53 为玄关添加立面图尺寸标注

⚠ **操作提示：**

Step 01 执行"标注样式"命令，设定好标注的样式。

Step 02 执行"线性"和"连续"命令，为玄关图纸添加尺寸标注。

2. 为会议室立面图添加材料注释

本实例将利用快速引线命令，为会议室立面图添加文字注释，效果如图 6-54 所示。

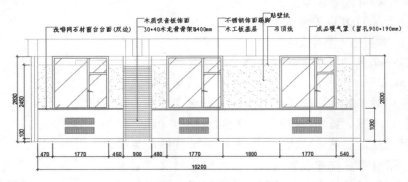

图 6-54 为会议室立面图添加引线标注

⚠ **操作提示：**

Step 01 执行"标注样式"命令，设置好标注样式及引线样式。

Step 02 执行"线性"和"连续"命令，标注横向和纵向尺寸。然后执行快速引线命令，为其添加文字注释。

第**7**章

文本与表格详解

内容导读

　　文字对象是 AutoCAD 图形中很重要的图形元素，在一套完整的图纸中，通常都需要靠一些文字注释来说明一些非图形信息。本章将向读者介绍文字与表格功能的操作，其中包括文字样式、表格样式的创建、文字内容的输入与编辑等。

学习目标

▲ 熟悉文字的创建
▲ 掌握文字的编辑

▲ 掌握表格样式的设置
▲ 掌握表格的编辑操作

7.1 文本的创建与编辑

　　文字与尺寸标注一样，在输入文字注释前，需要对文字的样式进行一番必要的设置。例如设置文字大小、文字字体、文字颜色等。下面将向用户介绍文字功能的应用操作。

7.1.1 创建文字样式

　　文字样式需要在"文字样式"对话框中进行设置，用户可以通过以下方式打开"文字样式"对话框，如图 7-1 所示。

- 执行菜单栏中的"格式"|"文字样式"命令。
- 在"默认"选项卡的"注释"面板中单击"文字注释"按钮 **A**。
- 在"注释"选项卡的"文字"面板中单击右下角箭头 ❱。

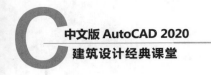

- 在命令行中输入 ST 快捷命令并按回车键。

执行以上任意一项命令后，均可打开"文字样式"对话框，用户可以对当前的文字样式进行设置，例如样式、字体、字体样式、大小、高度、效果等。下面将对一些常用的设置选项进行简单说明。

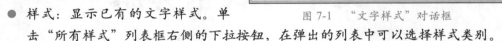

图 7-1　"文字样式"对话框

- 样式：显示已有的文字样式。单击"所有样式"列表框右侧的下拉按钮，在弹出的列表中可以选择样式类别。
- 字体：包含"字体名"和"字体样式"选项。"字体名"用于设置文字注释的字体。"字体样式"用于设置字体格式，例如斜体、粗体或者常规字体。
- 大小：包含"注释性""使文字方向与布局匹配"和"高度"选项，其中注释性用于指定文字为注释性，高度用于设置字体的高度。
- 效果：修改字体的特性，如高度、宽度因子、倾斜角度以及是否颠覆显示。
- 置为当前：将选定的样式置为当前。
- 新建：创建新的样式。
- 删除：单击"样式"列表框中的样式名，会激活"删除"按钮，单击该按钮即可删除样式。

注意事项

　　Standard 是 AutoCAD 默认的文字样式，既不能删除，也不能重命名。另外，当前图形文件中正在使用的文字样式不能删除。

7.1.2　创建与编辑单行文字

单行文字就是将每一行文本作为一个独立的文字对象来处理。下面将向用户介绍单行文本的标注与编辑，以及在文本标注中使用控制符输入特殊字符的方法。

- 在菜单栏中执行"绘图"|"文字"|"单行文字"命令。
- 在"默认"选项卡的"注释"面板中单击"单行文字"按钮 A。
- 在"注释"选项卡的"文字"面板中单击"单行文字"按钮 A。
- 在命令行中输入 TEXT 命令，然后按回车键。

执行上述任意一项命令后，用户可以根据命令行的提示进行操作。先在绘图区中指定文本起点，然后输入文本的高度及旋转角度，按回车键后输入文字即可，如图 7-2所示。输入完成后单击绘图区空白处任意一点，或按 Esc 键完成输入操作。

住宅楼南立面图

图 7-2　输入单行文本

命令行提示内容如下：

```
命令：_text
当前文字样式："Standard" 文字高度：2.5000 注释性：否 对正：左
指定文字的起点 或 [对正 (J) / 样式 (S)]：（指定文字起点）
指定高度 <2.5000>: 100 （输入文字高度值）
指定文字的旋转角度 <0>：（按回车键）
```

命令行中各选项的含义介绍如下。

1. 指定文字的起点

在绘图区域单击一点，指定文字的高度和旋转角度，按回车键即可完成创建。

在执行"单行文字"命令过程中，用户可随时用鼠标确定下一行文字的起点，也可按回车键换行，但输入的文字与前面的文字属于不同的实体。

注意事项

如果用户在当前使用的文字样式中设置文字高度，那么在文本标注时，AutoCAD 将不再提示"指定高度 <2.5000>"。

2. "对正"选项

该选项用于确定标注文本的排列方式和排列方向。AutoCAD 用直线确定标注文本的位置，分别是顶线、中线、基线和底线。选择该选项后，命令行提示内容如下：

```
命令：_text
当前文字样式："Standard" 文字高度：100.0000 注释性：否 对正：左
指定文字的起点 或 [对正 (J) / 样式 (S)]：j
输入选项 [左 (L) / 居中 (C) / 右 (R) / 对齐 (A) / 中间 (M) / 布满 (F) / 左上 (TL) / 中上 (TC) /
右上 (TR) / 左中 (ML) / 正中 (MC) / 右中 (MR) / 左下 (BL) / 中下 (BC) / 右下 (BR)]：（选择"对
正"选项）
指定文字基线的第一个端点：（指定基线两个端点）
指定文字基线的第二个端点：
```

其中"正中"和"中间"有所不同。"正中"用于确定标注文本基线的中点。选择该选项后，输入的文本均匀分布在该中点的两侧；而"中间"表示文字在基线的水平中点和指定高度的垂直中点上对齐。中间对齐的文字不保持在基线上。

标注的文本都有两个夹点，即基点的起点和终点，拖动夹点可以快速改变文本字符的高度和宽度。

3. "样式"选项

指定文字样式，文字样式决定文字字符的外观，创建的文字使用当前文字样式。输入？将列出当前文字样式、关联的字体文件、字体高度及其他参数。

在该提示下按回车键，系统将自动打开"AutoCAD 文本窗口"对话框，在命令行中输入样式名，此窗口便列出指定文字样式的具体设置。

若不输入文字样式名称直接按 Enter键，则窗口中列出的是当前 AutoCAD 图形文件中所有文字样式的具体设置，如图 7-3 所示。

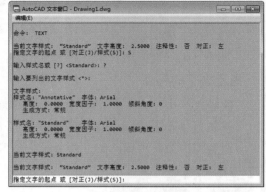

图 7-3　AutoCAD 文本窗口

若需要对已标注的文本进行修改，如文字的内容、对正方式以及缩放比例等，可通过 DDEDIT 命令和"特性"选项板进行编辑。

（1）用 DDEDIT 命令编辑单行文本

用户可以通过以下方法执行文本编辑命令。

● 在菜单栏中执行"修改"|"对象"|"文字"|"编辑"命令。

● 在命令行中输入 DDEDIT 命令，然后按回车键。

● 双击文本即可进入文本编辑状态。

执行以上任意一种操作后，在绘图窗口中单击要编辑的单行文字，即可进入文字编辑状态，对文本内容进行相应的修改，如图 7-4 所示。

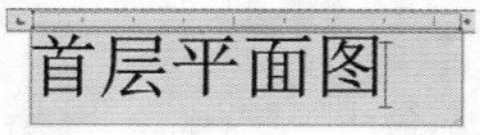

首层平面图

图 7-4　文字编辑状态

（2）用"特性"选项板编辑单行文本

选择要编辑的单行文本，用鼠标右键单击，在弹出的快捷菜单中选择"特性"命令，打开"特性"选项板，在"文字"展卷栏中对文字进行修改，如图 7-5 所示。

图 7-5　"特性"选项板

实例：为别墅剖面图添加文字标注

利用"单行文字"命令为剖面图添加注释，其具体操作步骤如下。

Step 01 打开素材文件，执行"单行文字"命令，指定文字的起点，并设置文字高度为 350，如图 7-6 所示。

Step 02 按回车键后设置旋转角度为 0°，再按回车键，输入单行文字，如图 7-7 所示。

命令行提示如下：

```
命令：_text
当前文字样式： "Standard"  文字高度： 100.0000  注释性： 否  对正： 左
指定文字的起点 或 [对正(J) / 样式(S)]： (指定文字的起点)
指定高度 <100.0000>： 350    (输入文字高度)
指定文字的旋转角度 <0>：  (按回车键)
```

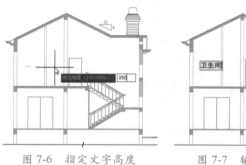

图 7-6 指定文字高度　　　　　图 7-7 输入单行文字

Step 03 单击绘图区其他区域，即继续执行单行文字的输入，如图 7-8 所示。

Step 04 所有文字注释输入完成后，按 Esc 键退出该命令即可，如图 7-9 所示。

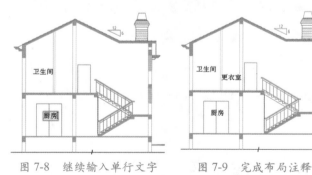

图 7-8 继续输入单行文字　　　　图 7-9 完成布局注释

7.1.3 创建与编辑多行文字

多行文本包含一个或多个文字段落，可作为单一的对象处理。在输入文字标注之前，需要先指定文字边框的对角点，文字边框用于定义多行文字对象中段落的宽度。编辑多行文本可在"文字编辑器"选项卡进行编辑。用户可以通过以下方法执行

"多行文字"命令。

- 在菜单栏中执行"绘图"|"文字"|"多行文字"命令。
- 在"默认"选项卡的"文字注释"面板中单击"多行文字"按钮A。
- 在"注释"选项卡的"文字"面板中单击"多行文字"按钮A。
- 在命令行中输入 MTEXT 命令并按回车键。

执行"多行文字"命令后，在绘图区指定对角点，即可在创建的输入框中输入多行文字。输入完毕后单击功能区右侧的"关闭文字编辑器"按钮完成创建，如图 7-10 和图 7-11 所示。

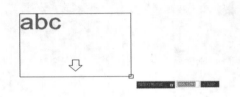

图 7-10　指定对角点　　　　　　　　　　图 7-11　输入多行文字

编辑多行文本和单行文本的方法一致，双击多行文字即可进入编辑状态，同时，系统会自动打开"文字编辑器"选项卡，在此用户可根据需要设置相应的文字样式，如图 7-12 所示。

图 7-12　"文字编辑器"选项卡

当然用户还可以通过"特性"选项板修改文字样式和缩放比例等，具体方法与编辑单行文字相同。

注意事项

　　多行文本的宽度因子和倾斜角度只能在"文字编辑器"选项卡的"格式"面板中设置。

实例：创建门窗构件说明文本

下面将以创建门窗构件的说明文本为例，来介绍多行文本的设置操作。

Step 01 执行"格式"|"文字样式"命令，打开"文字样式"对话框，设置字体为宋体，字高为 100，依次单击"应用""置为当前"和"关闭"按钮，如图 7-13 所示。

Step 02 执行"多行文字"命令，通过指定对角点框选出文字输入范围，在文本框中输入文字，如图 7-14 所示。

文字样式
当前文字样式：Standard
样式(S)：
Annotative
Standard
字体
字体名(F)：
宋体
字体样式(Y)：
常规
使用大字体(U)
置为当前(C)
新建(N)...
删除(D)
大小
注释性(I)
使文字方向与布局匹配(M)
高度(T)
100.0000
所有样式
效果
颠倒(E)
反向(K)
垂直(V)
宽度因子(W)：
1.0000
倾斜角度(O)：
0
AaBb123
应用(A)
取消
帮助(H)

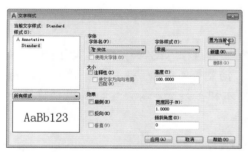

图 7-13　设置文字样式

说明
1. 本图所有门扇数量仅为外门，内门形式及数量均见二次装修。门洞宽详见各平面图，门洞高如无特别注明，均为2100mm。
2. 本图所示尺寸均为洞口尺寸，实际尺寸由门窗供应商定。
3. 塑钢窗安装必须满足有关施工验收规范的要求。
4. 所有外窗如窗台高度小于900mm，均做900mm高护栏。
5. 所有离地低于900mm的窗扇玻璃、外门玻璃均采用安全玻璃。玻璃厚度与材质要求经厂家计算后定，且应根据“JGJ113-97建筑玻璃应用技术规程”中有关条例执行。

图 7-14　输入多行文字

Step 03 选择标题文字，在“文字编辑器”选项卡的“格式”面板中单击“粗体”按钮，将其加粗显示，如图 7-15 所示。

Step 04 在“段落”面板中，单击“行距”下拉按钮，选择 1.5 倍行距，将当前文本行距加宽设置，如图 7-16 所示。

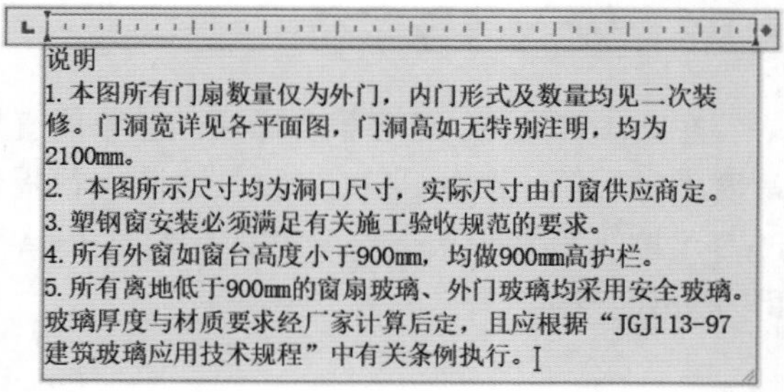

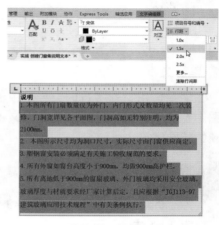

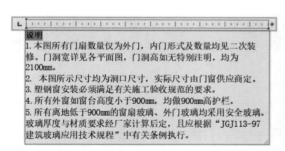

说明
1. 本图所有门扇数量仅为外门，内门形式及数量均见二次装修。门洞宽详见各平面图，门洞高如无特别注明，均为2100mm。
2. 本图所示尺寸均为洞口尺寸，实际尺寸由门窗供应商定。
3. 塑钢窗安装必须满足有关施工验收规范的要求。
4. 所有外窗如窗台高度小于900mm，均做900mm高护栏。
5. 所有离地低于900mm的窗扇玻璃、外门玻璃均采用安全玻璃。玻璃厚度与材质要求经厂家计算后定，且应根据“JGJ113-97建筑玻璃应用技术规程”中有关条例执行。

图 7-15　文字加粗显示

管理
输出
附加模块
协作
Express Tools
精选应用
文字编辑器
匹配
宋体
ByLayer
格式
对正
项目符号和编号
行距
1.0x
1.5x
2.0x
2.5x
更多...
清除行间距
说明
1. 本图所有门扇数量仅为外门，内门形式及数量均见二次装修。门洞宽详见各平面图，门洞高如无特别注明，均为2100mm。
2. 本图所示尺寸均为洞口尺寸，实际尺寸由门窗供应商定。
3. 塑钢窗安装必须满足有关施工验收规范的要求。
4. 所有外窗如窗台高度小于900mm，均做900mm高护栏。
5. 所有离地低于900mm的窗扇玻璃、外门玻璃均采用安全玻璃。玻璃厚度与材质要求经厂家计算后定，且应根据“JGJ113-97建筑玻璃应用技术规程”中有关条例执行。

图 7-16　调整行距

Step 05 将光标放置文本编辑框右上角位置，当光标呈现为横向箭头时，按住鼠标左键不放，向右拖动光标至合适位置，调整文本整体宽度，如图 7-17 所示。

Step 06 设置完成后，单击文本框外空白处即可完成文本的创建操作，如图 7-18 所示。

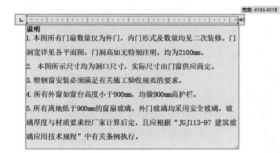

宽度: 4163.4318
说明
1. 本图所有门扇数量仅为外门，内门形式及数量均见二次装修。门洞宽详见各平面图，门洞高如无特别注明，均为2100mm。
2. 本图所示尺寸均为洞口尺寸，实际尺寸由门窗供应商定。
3. 塑钢窗安装必须满足有关施工验收规范的要求。
4. 所有外窗如窗台高度小于900mm，均做900mm高护栏。
5. 所有离地低于900mm的窗扇玻璃、外门玻璃均采用安全玻璃。玻璃厚度与材质要求经厂家计算后定，且应根据“JGJ113-97 建筑玻璃应用技术规程”中有关条例执行。

图 7-17　调整文本整体宽度

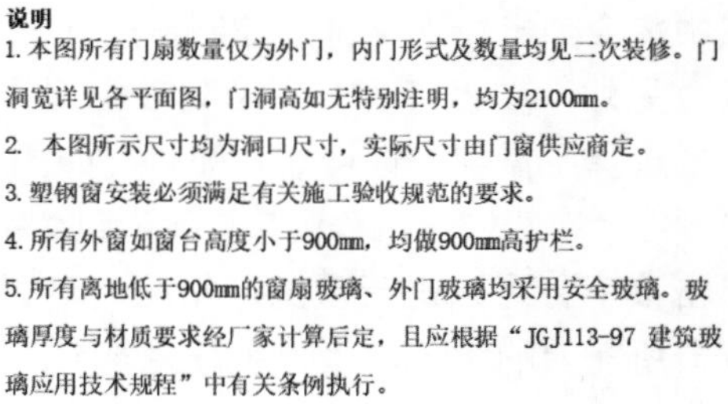

说明
1. 本图所有门扇数量仅为外门，内门形式及数量均见二次装修。门洞宽详见各平面图，门洞高如无特别注明，均为2100mm。
2. 本图所示尺寸均为洞口尺寸，实际尺寸由门窗供应商定。
3. 塑钢窗安装必须满足有关施工验收规范的要求。
4. 所有外窗如窗台高度小于900mm，均做900mm高护栏。
5. 所有离地低于900mm的窗扇玻璃、外门玻璃均采用安全玻璃。玻璃厚度与材质要求经厂家计算后定，且应根据“JGJ113-97 建筑玻璃应用技术规程”中有关条例执行。

图 7-18　文本效果

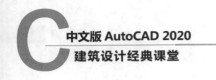
7.1.4　输入特殊字符

在文本标注中，经常需要标注一些不能直接利用键盘输入的特殊字符，如直径"Φ"、角度"°"等。AutoCAD 为输入这些字符提供了控制符，如表 7-1 所示。用户可以通过输入控制符来输入一些特殊的字符。在单行文本和多行文本标注中，其控制符的使用方法有所不同。

表 7-1　特殊字符控制符

控制符	对应特殊字符	控制符	对应特殊字符
%%C	直径（Φ）符号	%%D	度（°）符号
%%O	上划线符号	%%P	正负公差（±）符号
%%U	下划线符号	\U+2238	约等于（≈）符号
%%%	百分号（%）符号	\U+2220	角度（∠）符号

1. 在单行文本中使用文字控制符

在需要使用特殊字符的位置直接输入相应的控制符，那么输入的控制符将会显示在图中特殊字符的位置上，当单行文本标注命令执行结束后，控制符将会自动转换为相应的特殊字符。

> 📖 **知识点拨**
>
> %%O 和 %%U 是两个切换开关，第一次输入时打开上划线或下划线功能，第二次输入则关闭上划线或下划线功能。

2. 在多行文本中使用文字控制符

标注多行文本时，可以灵活的输入特殊字符，因为其本身具有一些格式化选项。在"文字编辑器"选项卡的"插入"面板中单击"符号"下拉按钮，在展开的下拉列表中将会列出特殊字符的控制符选项，如图 7-19 所示。

另外，在"符号"下拉列表中选择"其他"选项，将弹出"字符映射表"窗口，从中选择所需字符进行输入即可，如图 7-20 所示。

在"字符映射表"窗口中，通过"字体"下拉列表选择不同的字体，选择所需字符，单击该字符可以进行预览，如图 7-21 所示。然后单击"选择"按钮，用户也可以直接双击所需要的字符，此时字符会显示在"复制字符"文本框中，打开多行文本编辑框，选择"粘贴"命令即可插入所选字符，如图 7-22 所示。

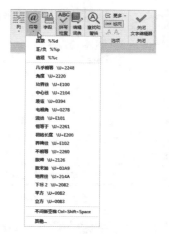

图 7-19 控制符

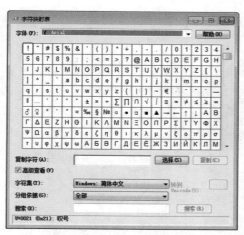

图 7-20 "字符映射表"窗口

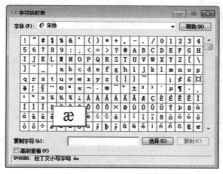

图 7-21 控制符预览

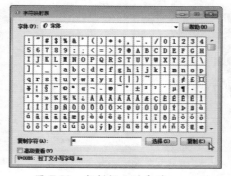

图 7-22 复制插入的字符

7.1.5 使用字段

字段也是文字，可以说是自动更新的智能文字。在施工图中经常会用到一些在设计过程中会发生变化的文字和数据，例如引用的视图方向、修改设计中的建筑面积、重新编号后的图纸等。像这些文字或数据，可以采用字段的方式引用。当字段所代表的文字或数据发生变化时，字段会自动更新，就不需要手动修改。

1. 插入字段

想要在文本中插入字段，可双击所有文本，进入多行文字编辑框，并将光标移至要显示字段的位置，单击鼠标右键，在弹出的快捷菜单中选择"插入字段"命令，在打开的"字段"对话框中选择合适的字段名称即可，如图 7-23 和图 7-24 所示。

用户可单击"字段类别"下拉按钮，在打开的列表中选择所需类别。其中包括打印、对象、其他、全部、日期和时间、图纸集、文档和已链接这 8 个类别选项，选择其中任意选项，则会打开与之相应的样例列表，并对其进行设置，如图 7-25 和图 7-26 所示。

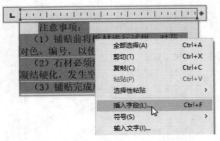

图 7-23 选择"插入字段"命令

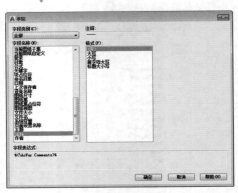

图 7-24 选择字段名称

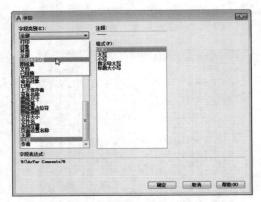

图 7-25 字段类别

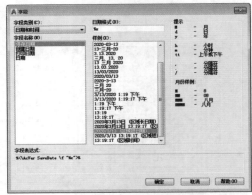

图 7-26 样例

字段所使用的文字样式与其插入到的文字所使用的样式相同。默认情况下，在 AutoCAD 中的字段将使用浅灰色进行显示。

2. 更新字段

字段更新时，将显示最新的值。在此可单独更新字段，也可在一个或多个选定文字对象中更新所有字段。用户可以通过以下方法进行更新字段的操作。

- 选择文本，单击鼠标右键，在弹出的快捷菜单中选择"更新字段"命令。
- 在命令行中输入 UPD 快捷命令并按回车键。
- 在命令行中输入 FIELDEVAL 命令并按回车键，根据提示输入合适的位码即可。该位码是常用标注控制符中任意值的和。如仅在打开、保存文件时更新字段，可输入数值 3。

常用标注控制符说明如下。

- 0 值：不更新。
- 1 值：打开时更新。
- 2 值：保存时更新。
- 4 值：打印时更新。

- 8 值：使用 ETRANSMIT 时更新。
- 16 值：重生成时更新。

📖 知识点拨

　　当字段插入完成后，如果想对其进行编辑，可选中该字段，单击鼠标右键，在弹出的快捷菜单中选择"编辑字段"命令，即可在"字段"对话框中进行设置。如果想将字段转换成文字，就需要右键单击所需字段，在弹出的快捷菜单中选择"将字段转换为文字"命令即可。

7.2　表格的应用

　　在绘制建筑用地时，常常会利用表格来标识图纸中所需要的参数，如占地面积、容积率等。在 AutoCAD 中，用户可使用表格命令直接插入表格，而不需使用直线来绘制，下面将介绍表格的创建与编辑等功能。

7.2.1　设置表格样式

　　在插入表格之前，需要对表格样式进行设定才行。其方法与设置文字样式相似。用户可以通过下列方法来设置表格样式。

- 在菜单栏中执行"格式"|"表格样式"命令。
- 在"注释"选项卡中单击"表格"面板右下角的箭头。
- 在命令行中输入 TABLESTYLE 命令并按回车键。

　　打开"表格样式"对话框后单击"修改"按钮，如图 7-27 所示，输入表格名称，单击"继续"按钮即可打开"修改表格样式：Standard"对话框，如图 7-28 所示。

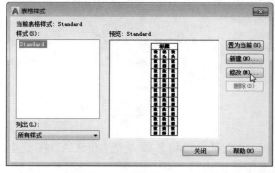

图 7-27　"表格样式"对话框

图 7-28　"修改表格样式：Standard"对话框

在"修改表格样式"对话框的"单元样式"选项组中，包含"标题""表头""数据"样式选项，如图 7-29 所示。选择其中任意一项，便可在"常规""文字"和"边框"3 个选项卡中分别设置相应样式即可。

图 7-29　表格样式类别

7.2.2　创建与编辑表格

表格样式设置完成后，即可使用表格功能插入表格。用户可通过以下方法执行"表格"命令。

- 在菜单栏中执行"绘图"|"表格"命令。
- 在"注释"选项卡的"表格"面板中单击"表格"按钮。
- 在"默认"选项卡的"注释"面板中单击"表格"按钮。
- 在命令行中输入 TABLE 命令，然后按回车键。

图 7-30　"插入表格"对话框

执行以上任意一种命令，都会打开"插入表格"对话框，设置表格的列数和行数即可插入表格，如图 7-30 所示。

当表格创建完成后，用户即可对表格进行编辑修改操作。单击表格内部任意单元格，系统会打开"表格单元"选项卡，用户可根据需要对表格的行、列以及单元格样式等参数进行设置，如图 7-31 所示。

图 7-31　"表格单元"选项卡

7.2.3　调用外部表格

如果在其他办公软件中有制作好的表格，用户可直接将其调入至 AutoCAD 图纸中。这样可节省重新创建表格的时间，从而提高工作效率。执行"绘图"|"表格"命令，在打开的"插入表格"对话框中选中"自数据链接"单选按钮，并单击右侧"数据链

接管理器"按钮 🔳，然后在"选择数据链接"对话框中选择"创建新的 Excel 数据链接"选项，打开"输入数据链接名称"对话框，输入文件名，如图 7-32 所示。

在"新建 Excel 数据链接"对话框中单击"浏览文件"按钮 🔳，如图 7-33 所示。打开"另存为"对话框，选择所要插入的 Excel 文件并单击"打开"按钮，返回到上一层对话框，最后依次单击"确定"按钮返回到绘图区，在绘图区指定表格插入点即可插入表格。

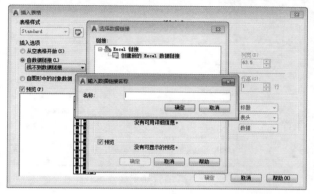

图 7-32　浏览文件

图 7-33　选择插入的 Excel 文件

实例：将 Excel 材料表格导入 AutoCAD 中

下面将通过调用外部表格功能，将现有的 Excel 材料统计表格导入至图纸中，其具体操作步骤如下。

Step 01 新建空白文件。执行"绘图"|"表格"命令，在打开的"插入表格"对话框中选中"自数据链接"单选按钮，并单击右侧"数据链接管理器"按钮，如图 7-34 所示。

Step 02 在打开的"选择数据链接"对话框中选择"创建新的 Excel 数据链接"选项，如图 7-35所示。

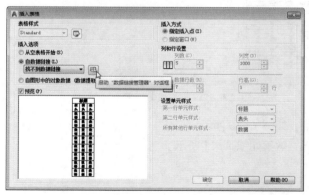

图 7-34　"插入表格"对话框

图 7-35　选择"创建新的 Excel 数据链接"选项

Step 03 在弹出的"输入数据链接名称"对话框中输入"材料表",单击"确定"按钮,在弹出的"新建 Excel 数据链接"对话框中,单击"浏览文件"按钮,如图 7-36 所示。

Step 04 在弹出的"另存为"对话框中选择所需文件,单击"打开"按钮,如图 7-37 所示。

图 7-36 单击浏览文件按钮

图 7-37 打开 Excel 文件

Step 05 再次单击"确定"按钮,返回到"选择数据链接"对话框,依次单击"确定"按钮,如图 7-38 所示。

Step 06 返回到"插入表格"对话框,再次单击"确定"按钮,如图 7-39 所示。

图 7-38 单击"确定"按钮

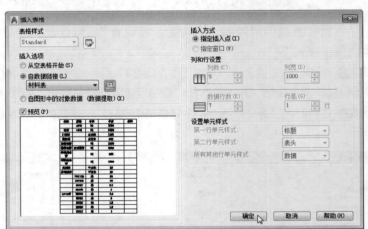

图 7-39 再次单击"确定"按钮

Step 07 返回到绘图区中,指定表格插入点,如图 7-40 所示。

Step 08 确定插入点后完成外部表格的插入,效果如图 7-41 所示。

名称	规格	单位	单价	备注
钢管	≤Φ10	吨	3500	
钢筋	≥Φ10	吨	3400	
门窗材		立方米	1250	
模板材		立方米	900	
水泥	325#	吨	200	
塑钢窗	带纱	平方米	180	
铝合金推拉门	不带纱	平方米	160	
塑钢门		平方米	150	
铝合金自由门		平方米	250	
铝合金平开门		平方米	230	
焊接钢管		吨	2450	
镀锌钢管	双面镀管	吨	3300	
铸铁排水管		吨	900	
铸铁给水管		吨	2200	
地面砖		平方米	25	
外墙面砖		平方米	25	
UPVC管	DN 150	米	30	
	DN100	米	16	
	DN75	米	8.5	
	DN50	米	5	
	DN40	米	3.6	
	DN32	米	3	
	DN25	米	1.8	
	DN20	米	1.3	
	DN15	米	1	

图 7-40 指定表格插入点　　图 7-41 完成插入外部表格操作

✍ 课后实战　为门窗标准集创建表格

在学习了本章内容后，下面通过具体案例练习来巩固所学的知识。本案例将为门窗集图纸添加表格内容。

Step 01 打开本书配套的素材文件。执行"格式"|"表格样式"命令，打开"表格样式"对话框，单击"新建"按钮，在"创建新的表格样式"对话框中输入"新样式名"为"门窗"，如图 7-42 所示。

Step 02 单击"继续"按钮，打开"新建表格样式：门窗"对话框，在"单元样式"选项组中选择"标题"选项，切换到"常规"选项卡，将水平页边距设为 0，垂直页边距设为 100，如图 7-43 所示。

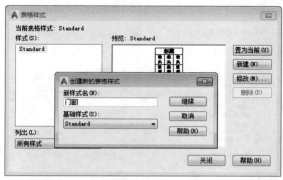

图 7-42　新建门窗样式

图 7-43　设置标题页边距

Step 03 切换到"文字"选项卡，将"文字高度"设为 250，如图 7-44 所示。

Step 04 设置"表头"样式，同样将水平页边距设为 0，垂直页边距设为 100，如图 7-45 所示。

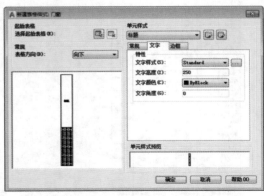

图 7-44　设置标题文字样式　　　　　　　　图 7-45　设置表头页边距

Step 05 切换到"文字"选项卡，将"文字高度"设为 200，如图 7-46 所示。

Step 06 设置"数据"样式，将"对齐"设为"正中"，将水平页边距设为 0，垂直页边距设为100，将"文字高度"设为 180，如图 7-47 所示。

图 7-46　设置表头文字样式　　　　　　　　图 7-47　设置数据样式

Step 07 设置完成后单击"确定"按钮，返回至上一层对话框。将"门窗"样式设为当前样式，关闭该对话框，如图 7-48 所示。

Step 08 执行"表格"命令，打开"插入表格"对话框，设置列数和行数，如图 7-49 所示。

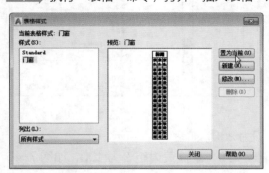

图 7-48　将门窗样式置为当前　　　　　　　图 7-49　设置插入的行数和列数

Step 09 设置完成后单击"确定"按钮，在绘图区中指定表格插入点，完成表格的插入操作，如图 7-50 所示。

Step 10 双击表格标题单元格，输入标题内容，如图 7-51 所示。

图 7-50　插入表格　　　　　　　　　图 7-51　输入表格标题内容

Step 11 双击表头单元格，输入表头内容，如图 7-52 所示。

Step 12 选中表格右上角三角控制点，按住鼠标左键不放，将其向右拖曳至合适位置，调整表格整体列宽，如图 7-53 所示。

图 7-52　输入表头内容　　　　　　　图 7-53　调整表格列宽

Step 13 框选表格内容单元格，在"表格单元"选项卡中单击"从下方插入"按钮，即可快速插入相同数量的空白行，如图 7-54 所示。

Step 14 选中首列第 3、4、5 个单元格，在"表格单元"选项卡中单击"合并单元"下拉按钮，从中选择"按列合并"选项，将这 3 个单元格进行合并，如图 7-55 所示。

Step 15 按照上述的操作方法，再次插入多个单元行，并对单元格进行合并操作，调整好表格的框架结构，效果如图 7-56 所示。

Step16 双击表格内容单元格，输入表格内容。最后调整一下表格的整体列宽，完成门窗表的创建操作，如图 7-57 所示。

图 7-54　插入多行

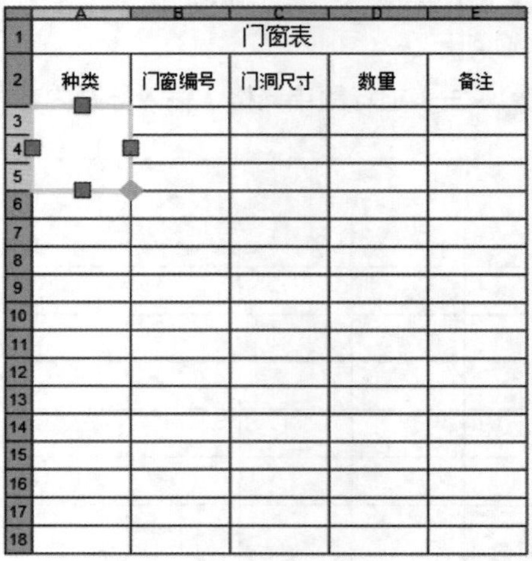

图 7-55　合并单元格

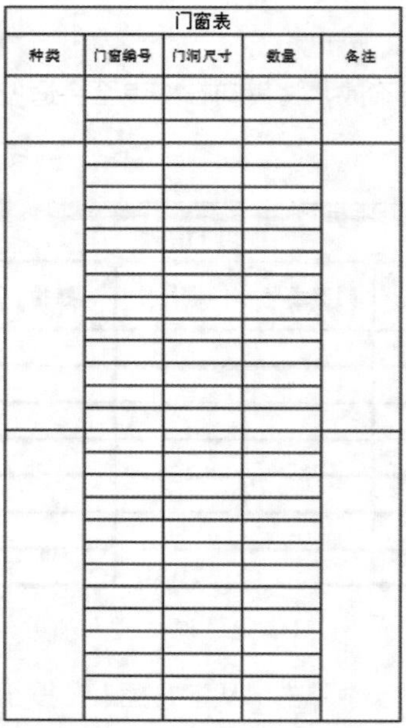

图 7-56　制作表格框架

图 7-57　输入表格内容

门窗表

种类	门窗编号	门洞尺寸	数量	备注
门连窗	MC1	1250*2250	1	彩色铝合金
	MC2	2250*2250	1	
	MC3	2250*2250	1	
门	M1	700*2200	1	木门
	M2	700*2200	2	
	M3	800*2200	1	
	M4	800*2200	1	
	M5	850*2200	1	
	M6	900*2200	1	
	M7	900*2200	1	
	M8	950*2200	3	
	M9	1200*2200	1	
	M10	1510*2250	1	
	M11	2700*2100	1	
	FM1	900*2200	1	
	FM2	900*2200	1	
窗	C1	750*1350	7	彩色铝合金
	C2	750*1350	7	
	C3	750*1460	2	
	C4	750*1460	3	
	C5	1500*1350	2	
	C6	1500*1350	1	
	C7	2250*1350	1	
	C8	2250*1460	1	
	C9	750*2130	3	
	C10	750*2130	4	
	C11	2250*2130	1	
	C12	1310*2130	1	
	C13	1500*2130	1	

课后作业

为了让用户能够更好地掌握本章所学的知识，下面将安排一些 ACAA 认证考试的参考试题，让用户对所学的知识进行巩固和练习。

一、填空题

1. 执行 _____ 命令，可以打开"文字样式"对话框，且利用该对话框来创建和修改文本样式。

2. 在"文字样式"对话框中，用户可以对文字的 _____、_____、_____ 和 _____ 这 4 个方面进行设置。

3. 在"修改表格样式"对话框的"单元样式"选项组中，包含 _____、_____、_____ 样式选项。选择其中任意一项，便可在 _____、_____ 和 _____ 3 个选项卡中分别设置相应样式。

4. 创建单行文字的命令是 _____，编辑单行文字的命令是 _____。

二、选择题

1. 在 AutoCAD 中，设置文字样式可以有很多效果，除了（　　）。
   A. 垂直　　　　　B. 水平　　　　　C. 颠倒　　　　　D. 反向

2. 定义文字样式时，符合国标 GB 要求的大字体是（　　）。
   A. gbcbig.shx　　　　　　　　B. chineset.shx
   C. txt.shx　　　　　　　　　　D. bigfont.shx

3. 想要设置表格中的文字样式，应该在（　　）对话框中进行操作。
   A. "文字样式"对话框　　　　B. "表格样式"对话框
   C. "插入表格"对话框　　　　D. "标注样式"对话框

4. 用"单行文字"命令书写直径符号时，应使用（　　）。
   A. %%D　　　　B. %%P　　　　C. %%　　　　D. %%U

三、操作题

1. 制作施工图索引列表

本实例将利用表格相关命令，创建施工图索引表，效果如图 7-58 所示。

	地 面		楼 面	
	作法名称	作法索引	作法名称	作法索引
客餐厅	水泥砂浆地面	98ZJ001 地2/4	水泥砂浆地面	98ZJ001 楼1/14
卧室	水泥砂浆地面	98ZJ001 地2/4	水泥砂浆地面	98ZJ001 楼1/14
餐厅	水泥砂浆地面	98ZJ001 地2/4	水泥砂浆地面	98ZJ001 楼1/14
厨房	陶瓷地砖地面	98ZJ001 地16/5	陶瓷地砖地面	98ZJ001 楼27/20
卫生间	陶瓷地砖地面	98ZJ001 地2/4	陶瓷地砖地面	98ZJ001 楼27/20
楼梯间	水泥砂浆地面	98ZJ001 地2/4	水泥砂浆地面	98ZJ001 楼1/14

图 7-58   制作施工图索引列表

⚠ **操作提示:**

`Step 01` 执行"表格样式"命令,设置好表格的样式。

`Step 02` 执行"表格"命令插入表格,并输入表格内容。

2. 为平面图添加文字说明

本实例将利用"单行文字"命令,为一居室户型图添加文字说明,效果如图7-59所示。

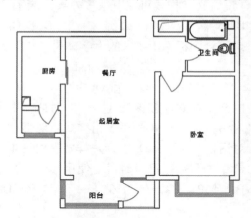

图 7-59   为平面图添加文字说明

⚠ **操作提示:**

`Step 01` 执行"单行文字"命令,设置文字高度,输入文字内容。

`Step 02` 复制并修改文字内容。

第**8**章

输出与打印详解

内容导读

图形的输出是整个设计过程的最后一步，很多人会认为这一步很简单，以为这就是单纯的输出打印操作。其实这一步操作还是很关键的，如果不了解其中的一些小技巧，则会带来不少麻烦。本章将向读者介绍 AutoCAD 图纸的输出与打印操作，希望能够帮助读者解决一些实际操作中所遇到的难题。

学习目标

▲ 熟悉输入与输出操作　　　　　　　▲ 掌握布局视口

▲ 熟悉模型空间与图纸空间　　　　　▲ 掌握打印图纸

8.1　视图的显示控制

在绘图过程中，为了使图形更好的显示，用户可对图形的显示状态进行控制操作。例如缩放和平移图形。下面将分别对其操作进行简单介绍。

8.1.1　缩放视图

在图形绘制过程中，如果想要将当前视图窗口进行放大或缩小，可使用缩放工具来操作。在 AutoCAD 软件中，系统提供了多种缩放的类型，例如窗口缩放、实时缩放、动态缩放、中心缩放、全屏缩放等。用户可通过下列方式来选择相应的缩放工具。

● 在菜单栏中执行"视图"|"缩放"命令，根据需要选择相关的子命令。

- 滚动鼠标滚轮（中键），就可以进行图形的放大或缩小。
- 在命令行中输入 ZOOM 命令并按回车键。

在实际操作过程中，通常使用鼠标滚轮来进行缩放操作。将鼠标滚轮向上滚动则放大当前视图，向下滚动则缩小当前视图，而双击鼠标滚轮，则全屏显示当前视图，该操作最为方便快捷，如图 8-1 所示的是视图全屏效果，图 8-2 所示的是视图放大后的效果。

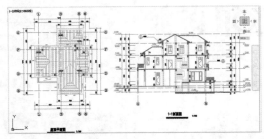

图 8-1　全屏显示效果

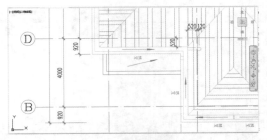

图 8-2　局部放大效果

8.1.2　平移视图

如果想要查看当前视图无法查看到的部分，那么可以使用"平移"工具平移视图查看。一般情况下，平移视图与缩放视图是要结合起来使用。用户可通过下列方式执行"平移"命令。

- 在菜单栏中执行"视图"|"平移"命令，根据需要选择相关子命令。
- 在命令行中输入 PAN 命令。
- 按住鼠标中键进行拖动。
- 单击绘图区右侧工具栏中的"平移"图标按钮 。

8.2　图形的输入与输出

AutoCAD 可以将图纸转换成不同格式的文件，方便不同用户查看需求。当然也可以将不同格式的文件导入至 AutoCAD 中进行辅助绘图。下面将为用户介绍图形的输入与输出操作。

8.2.1　输入图纸与插入 OLE 对象

AutoCAD 中图纸的输入大致分为两种，一种是直接导入图形文件；另一种是通过链接或嵌入的方式输入图形文件。下面将分别对这两种操作进行简单介绍。

1. 输入图纸

想要将其他格式的图形导入到 AutoCAD 中，可以通过以下方式进行操作。

- 在菜单栏中执行"文件"|"输入"命令。
- 在"插入"选项卡的"输入"面板中单击"PDF 输入"下拉按钮，从中选择"输入"选项。
- 在命令行中输入 IMPORT 命令并按回车键。

执行以上任意一种操作都可打开"输入文件"对话框，如图 8-3 所示，单击"文件类型"下拉按钮，选择要输入的文件格式，或者选择"所有文件（*.*）"选项，如图 8-4 所示。然后选择要导入的图形文件，单击"打开"按钮即可输入该文件。

图 8-3 "输入文件"对话框　　　　　图 8-4 "文件类型"列表

2. 插入 OLE 对象

OLE 是指对象链接与嵌入，用户可以将其他 Windows 应用程序的对象链接或嵌入到 AutoCAD 图形中，或在其他程序中链接或嵌入 AutoCAD 图形。插入 OLE 文件可以避免图片丢失这些问题，所以使用起来非常方便。用户可以通过以下方式调用"OLE 对象"命令。

- 在菜单栏中执行"插入"|"OLE 对象"命令。
- 在"插入"选项卡的"数据"面板中单击"OLE 对象"按钮🖳。
- 在命令行中输入 INSERTOBJ 命令并按回车键。

通过以上任意一项操作即可打开"插入对象"对话框，在此，用户可以根据需要选择"新建"或"由文件创建"两个选项进行操作，如图 8-5 和图 8-6 所示。

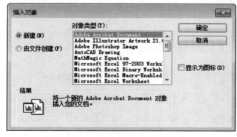 

图 8-5 "新建"选项界面　　　　　图 8-6 "由文件创建"选项界面

（1）新建

选中"新建"单选按钮后，在"对象类型"列表中选择需要导入的应用程序，单击"确定"按钮，系统会启动其应用程序，用户可在该程序中进行输入编辑操作。完成后关闭应用程序，此时在 AutoCAD 绘图区中就会显示相应的内容。

（2）由文件创建

选中"由文件创建"单选按钮，单击"浏览"按钮，在打开的"浏览"对话框中，用户可以直接选择现有的文件，单击"打开"按钮，返回到上一层对话框，单击"确定"按钮即可导入。

8.2.2 输出图纸

用户要将 AutoCAD 图形对象保存为其他需要的文件格式以供其他软件调用，只需将对象以指定的文件格式输出即可。在菜单栏中执行"文件"|"输出"命令，打开"输出数据"对话框，如图 8-7 所示。在"文件类型"下拉列表中选择需要输出文件的类型，如图 8-8 所示。

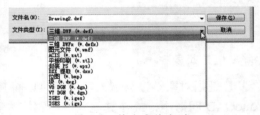

图 8-7　"输出数据"对话框　　　　　图 8-8　输出文件类型

知识拓展

在保存为图片格式时，.wmf 格式的好处是文件很小，属于矢量图，可以用看图软件打开，可无限放大，放大后不会以马赛克形式出现，也可以用 CDR 打开，线条为矢量，可直接对其编辑，但 Photoshop 不能打开这一格式的图形。

实例：将大门图纸输出为位图格式

下面利用"输出"操作，将大门立面方案图纸输出为位图，其具体操作步骤如下。

Step 01 打开素材文件，执行"文件"|"输出"命令，在弹出的"输出数据"对话框中单击"文件类型"下拉按钮，在下拉列表中选择"位图（*.bmp）"文件类型，如图 8-9 所示。

Step 02 命名文件名后单击"保存"按钮，即返回到绘图区，根据命令行提示，选择需输出的对象，如图 8-10 所示。

图 8-9　选择文件类型

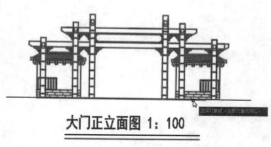

图 8-10　选择图形

Step 03 选择后按回车键，即可完成输出操作。在指定路径文件夹中即可看到该文件，如图 8-11 所示。

图 8-11　查看输出文件

8.3 模型空间与图纸空间

AutoCAD 为用户提供了两种工作空间，即模型空间和图纸空间。通常模型空间为作图空间，图纸空间则为布局打印空间。下面将对模型空间和图纸空间进行详细介绍。

8.3.1 模型空间和图纸空间的概念

模型空间与图纸空间是两种不同的屏幕空间。模型空间其实就是设计绘图区域，在该空间中用户可以按照 1：1 比例绘制图形。而布局空间可以说是布局打印区域。该空间提供了一张虚拟图纸，用户可以在该图纸上布置模型空间的图纸，并设定好缩放比例，打印出图时，将设置好的虚拟图纸以 1：1 的比例打印出来，如图 8-12 和图 8-13 所示。

图 8-12　模型空间

图 8-13　图纸空间

　　模型空间与图纸空间的区别是：模型空间针对的是图形实体空间，在模型空间中需要考虑的只是单个图形能否绘制出或正确与否，而不必担心绘图空间的大小；而图纸空间则是针对图纸布局空间，该空间比较侧重于图纸的布局，几乎不需要再对任何图形进行修改和编辑。

8.3.2　模型与图纸的切换

　　模型空间与图纸空间是可以相互切换的。下面将对其切换方法进行介绍。

1. 模型空间与图纸空间的切换

- 将光标放置在"文件"选项卡上，在弹出的浮动空间中选择"布局"选项，如图 8-14 所示。
- 在状态栏左侧单击"布局 1"或者"布局 2"按钮。
- 在状态栏中单击"模型"按钮。

图 8-14　切换布局空间

2. 图纸空间与模型空间的切换

- 将光标放置在"文件"选项卡上，在弹出的浮动空间中选择"模型"选项。
- 在状态栏左侧单击"模型"按钮。
- 在状态栏单击"图纸"按钮。
- 在图纸空间中双击鼠标左键，此时激活活动视口，然后进入模型空间。

8.4　布局视口

　　在 AutoCAD 中，用户可根据需要在布局空间创建视口。默认情况下，系统将自动创建一个浮动视口。若用户需要查看模型的不同视图，可以创建多个视口进行查看。

8.4.1 创建布局视口

切换到图纸空间，执行"视图"|"视口"|"新建视口"命令，打开如图 8-15 所示的"视口"对话框，在该对话框的"标准视口"列表框中，选择适当的视口配置，单击"确定"按钮，指定视口起点，按住鼠标左键不放，拖动至合适位置，释放鼠标完成视口的创建，如图 8-16 所示。

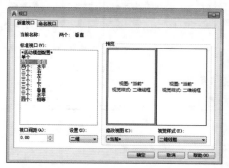

图 8-15 "视口"对话框

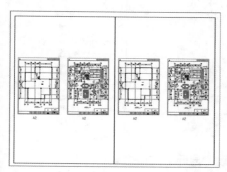

图 8-16 创建视口

8.4.2 管理布局视口

布局视口创建完成后，如果对其视口不满意，可以进行编辑操作。例如调整视口大小、删除或复制视口、隐藏视口等。

1. 调整视口大小

想要对视口的大小进行调整，可单击所需视口，并选择视口的显示夹点，当夹点呈红色显示时，按住鼠标左键不放，拖动夹点至满意位置，释放鼠标即可，如图 8-17 和图 8-18 所示。

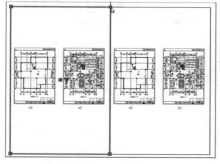

图 8-17 选择夹点

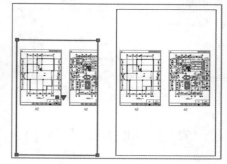

图 8-18 完成调整操作

2. 删除或复制视口

选中要删除的视口，按 Delete 键即可删除多余的视口。当然，用户也可选中要删除的视口，单击鼠标右键，在弹出的快捷菜单中选择"删除"命令，同样也可删除视口。

如果用户想要复制相同的视口，可选中所需的视口，单击鼠标右键，在弹出的快捷菜单中选择"复制选择"命令，根据命令行中的提示信息，指定位移的基点和第二个点，即可完成复制操作，如图 8-19 和图 8-20 所示。

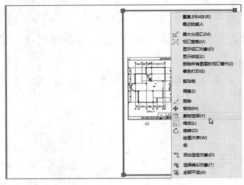
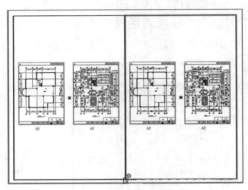

图 8-19　选择"复制选择"命令　　　　　　　图 8-20　完成复制操作

3. 隐藏 / 显示视口内容

对布局视口进行隐藏或显示操作，可以有效地减少视口数量，节省图形重生时间。在布局界面中，选中要隐藏的视口，单击鼠标右键，在弹出的快捷菜单中选择"显示视口对象"|"否"命令，即可隐藏视口，如图 8-21 所示。

相反，如果需要将其显示，可在右键菜单中选择"显示视口对象"|"是"命令，即可显示视口内容，如图 8-22 所示。

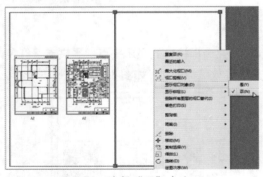
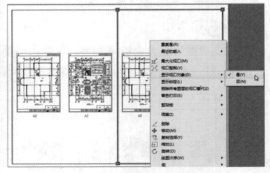

图 8-21　选择"否"命令　　　　　　　图 8-22　完成显示视口操作

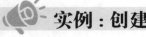 ## 实例：创建 4 个视口

下面将以 4 种户型图为例，来介绍视口创建的具体操作。

Step 01 打开本书配套的素材文件。切换到图纸空间，按 Delete 键删除默认视口，如图 8-23 所示。

Step 02 在菜单栏中执行"视图"|"视口"|"新建视口"命令，打开"视口"对话框，从中选择"四个：相等"视口选项，单击"确定"按钮，如图 8-24 所示。

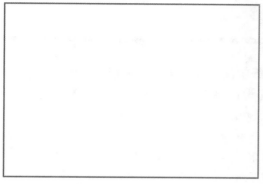

图 8-23　删除默认视口

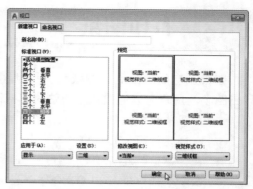

图 8-24　选择视口模式

Step 03　使用鼠标拖曳的方法创建新视口，如图 8-25 所示。

Step 04　双击视口，当视口边线加粗显示后，说明该视口已被激活。利用鼠标滚轮缩放视图，调整好该视口显示范围，如图 8-26 所示。

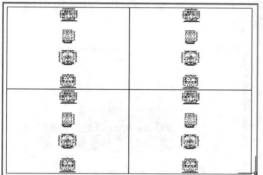

图 8-25　创建新视口

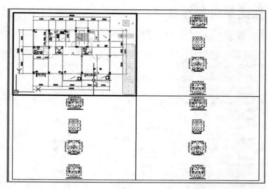

图 8-26　调整视口的显示范围

Step 05　双击其他视口将其激活，同样调整好视图的显示范围，如图 8-27 所示。

Step 06　所有视口范围调整完成后，双击视口外空白处即可锁定所有视口，如图 8-28 所示。

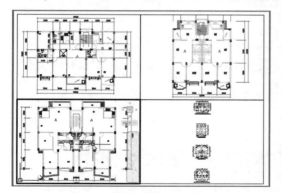

图 8-27　调整其他视口的显示范围

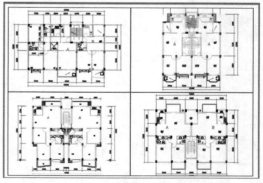

图 8-28　完成调整并锁定视口

8.5 打印图纸

在模型空间中绘制完图纸后切换到图纸空间，并设置好布局视口，就可以进行打印出图了。用户可以通过以下方法执行打印设置操作。

- 在菜单栏中执行"文件"|"打印"命令。
- 在快速访问工具栏中单击"打印"按钮。
- 在"输出"选项卡的"打印"面板中单击"打印"按钮。
- 在命令行中输入 PLOT 命令并按回车键。
- 按 Ctrl+P 组合键。

执行以上任意命令，都可打开"打印 - 模型"对话框，在该对话框中，用户可对图纸尺寸、打印方向、打印区域以及打印比例等参数进行设置，如图 8-29 所示。

待打印参数设置完成后，单击"预览"按钮，则可在预览视图中预览打印的图纸，在此单击鼠标右键，在弹出的快捷菜单中选择"打印"命令即可打印，如图 8-30 所示。若需修改，按 Esc 键返回至打印对话框，重新设置参数。

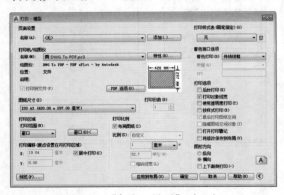

图 8-29 "打印 - 模型"对话框

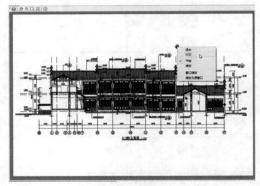

图 8-30 预览打印

📖 知识点拨

　　将 PDF 格式文件转换为 JPG 格式文件，是目前出图效果最好且细节表达最清晰的转存方法。

✍ 课堂实战　将建筑平面方案图转换为 PDF 文件

在学习了本章内容后，下面通过具体案例练习来巩固所学的知识。本案例将以别墅平面图为例，来介绍如何将 AutoCAD 文件转换为 PDF 文件的操作方法。

Step 01 打开本书配套的素材文件。切换到"布局 1"图纸空间。选中默认的视口，按 Delete 键将其删除。用鼠标右键单击"布局 1"标签，在弹出的快捷菜单中选择"从样板"命令，如图 8-31 所示。

Step 02 在"从文件选择样板"对话框中选择带图框的样板文件，如图 8-32 所示。

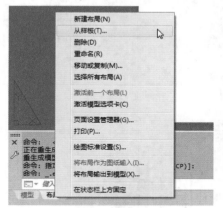

图 8-31 选择"从样板"命令

图 8-32 选择带图框的样板

Step 03 在"插入布局"对话框中选择布局名称，单击"确定"按钮，此时在状态栏中会加载新布局标签，如图 8-33 所示。

Step 04 切换到加载的布局界面，删除默认的视口。在功能区中选择"布局"选项，在"布局视口"选项组中单击"矩形"按钮，使用鼠标拖曳的方法创建一个新的矩形视口，如图 8-34 所示。

图 8-33 加载布局

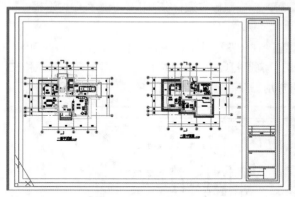

图 8-34 创建新视口

Step 05 双击视口将其激活。使用缩放视图功能调整好图纸显示范围，如图 8-35 所示。

Step 06 执行"文件"|"打印"命令，打开"打印 -模型"对话框，设置打印机名称、图纸尺寸。将"打印范围"设为"窗口"，在绘图区中框选打印范围，选中"布满图纸"复选框，如图 8-36 所示。

Step 07 在"打印样式表"选项列表中选择一款打印样式，如图 8-37 所示。

Step 08 单击"预览"按钮预览打印效果，如图 8-38 所示。

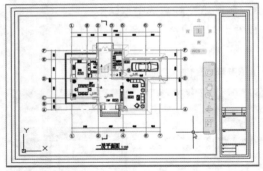
图 8-35　调整视口显示区域

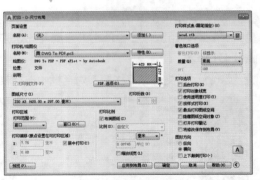
图 8-36　设置打印机名称及打印尺寸、范围

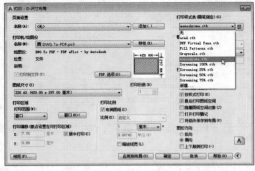
图 8-37　设置打印样式

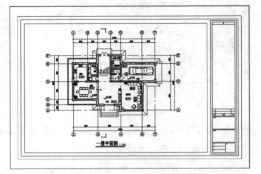
图 8-38　预览打印效果

Step 09　单击鼠标右键，在弹出的快捷菜单中选择"打印"命令，即可将当前图纸打印出图，如图 8-39 所示。

Step 10　在预览界面中，按 Esc 键退出预览，返回到打印设置对话框，单击"确定"按钮，在打开的"浏览打印文件"对话框中，指定文件路径和文件名，单击"保存"按钮，稍等片刻系统将自动打开保存的 PDF 格式的文件，如图 8-40 所示。

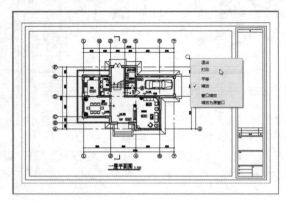
图 8-39　选择"打印"命令

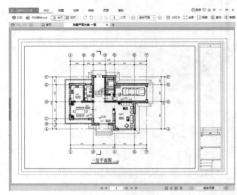
图 8-40　保存为 PDF 格式

课后作业

为了让用户能够更好地掌握本章所学的知识，下面将安排一些 ACAA 认证考试的参考试题，让用户对所学的知识进行巩固和练习。

一、填空题

1. 在打印图形之前，需要对打印参数进行设置，如 _____、_____、_____、_____ 等。

2. 使用 _____ 命令，可以将 AutoCAD 图形对象保存为其他需要的文件格式，以供其他软件调用。

3. 模型空间和布局空间都可以出图。单张图纸中仅有一种比例，用 _____ 出图即可；而单张图纸中同时存在多种比例，则应该用 _____ 出图。

二、选择题

1. 根据图形打印的设置，下列选项不正确的是（　　　）。
   A. 可以打印图形的一部分
   B. 可以根据不同的要求用不同的比例打印图形
   C. 可以先输出一个打印文件，把文件放到别的计算机上打印
   D. 打印时不可以设置纸张的方向

2. 在"打印 - 模型"对话框中，用户可以从（　　　）选项组设置打印设备。
   A. 打印区域　　　　　　　　B. 图纸尺寸
   C. 打印比例　　　　　　　　D. 打印机 / 绘图仪

3. 执行下列（　　　）命令时，可在图纸上以打印的方式显示图形。
   A. Preview　　　B. Erase　　　C. Zoom　　　D. Pan

4. 如果要合并两个视口，必须（　　　）。
   A. 是模型空间视口并且共享长度相同的公共边
   B. 在"模型"空间合并
   C. 在"布局"空间合并
   D. 一样大小

三、操作题

1．打印方案图纸

本实例将通过设置"打印"对话框中的相关参数，打印别墅的立面图，效果如图 8-41 所示。

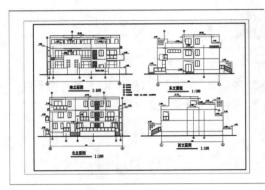

图 8-41　打印预览

⚠ **操作提示：**

Step 01 打开"打印－模型"对话框，设置相关打印参数。

Step 02 单击"打印预览"按钮预览效果，单击"确定"按钮打印图形。

2. 将图纸输出成 JPG 格式的文件

　　本实例通过设置"打印"对话框中的相关参数，将别墅立面图转换成 JPG 格式的文件，效果如图 8-42 所示。

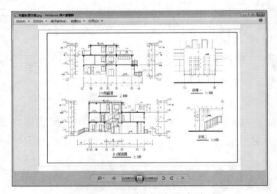

图 8-42　JPG 格式的图片效果

⚠ **操作提示：**

Step 01 在"打印－模型"对话框中，将打印文件名称设置成 JPG 格式，并设置好其他打印参数。

Step 02 预览打印效果后输出文件。

综合实战篇

第**9**章

建筑平面图的绘制

内容导读

本章将以别墅建筑为例，向读者介绍建筑平面类图纸的绘制方法。建筑平面图是其他施工图的重要依据，在进行设计时要先确定建筑平面设计方案，然后再根据平面方案制作其立面图、剖面图以及效果图等。

学习目标

▲ 了解建筑平面图纸内容

▲ 了解建筑平面图识图常识

▲ 掌握别墅首层平面图的绘制方法

▲ 掌握别墅二层平面图的绘制方法

▲ 掌握别墅屋顶平面图的绘制方法

9.1 识读建筑平面图

对于要从事建筑设计专业的人来说，看懂建筑图纸是基本功。建筑平面图是建筑施工图的基本样图，它反映了建筑物的功能需要、平面布局及其平面的构成关系，是决定建筑立面及内部结构的关键。下面将对建筑平面图所表达的内容及识读要点进行简单介绍。

9.1.1 建筑平面图的表达内容

建筑平面图其实就是将房屋各层进行水平剖切，从而形成的水平剖面图，它反映了房屋的平面布局、大小、形状以及墙柱的位置、门窗的类型和位置等。它是施工图的主要类型之一，是施工放线、砌筑墙体、设备安装等的重要依据。

严格地来说，建筑有几层，就要绘制出几张平面图。而对于高层建筑来说3层以上的楼层基本布局相同，像这类建筑可用同一张平面图来表示。所以在绘制时，建筑平面图至少应绘制3个楼层平面图，即一层平面图、标准层平面图和屋顶平面图。

1. 一层平面图（底层平面图）

一层平面图应绘制出建筑本层相应的水平投影，以及与本建筑有关的台阶、花池、坡道、花坛、散水等内容，如图9-1所示。具体绘制内容如下所示。

● 建筑物墙体、柱体位置及其轴线编号。
● 建筑物的门、窗位置及编号。
● 注明各房间名称及室内外地面标高。
● 楼梯位置及楼梯上、下行走方向，踏步数以及楼梯平台标高。
● 阳台、雨篷、台阶、雨水管、散水、明沟、花池等位置及尺寸。
● 室内设备（卫生洁具、水池）的位置。
● 剖面的剖切符号及编号。
● 注明墙厚、墙段、门、窗、房屋开间、进深等各项尺寸。
● 注明详图索引符号。
● 注明指北针。

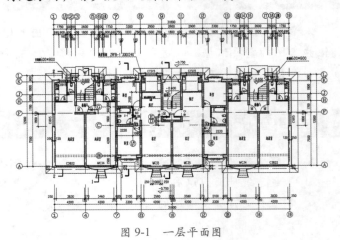

图9-1 一层平面图

2. 标准层平面图

标准层平面图是指建筑中间各层平面图。3层以上的平面图只需绘制本层的投影内容及下一层窗眉、雨篷等无法展示出来的内容，而对于一层平面图上已表达清楚的台阶、散水之类的内容则不需要绘制，如图9-2所示。具体绘制内容包括：

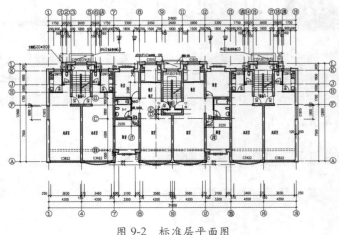

图9-2 标准层平面图

- 建筑物墙体、柱体位置及其轴线编号。
- 建筑物的门、窗位置及编号。
- 注明各房间名称及室内外地面标高。
- 楼梯位置及楼梯上、下行走方向，踏步数以及楼梯平台标高。
- 阳台、雨篷、雨水管位置及尺寸。
- 室内设备（卫生洁具、水池）的位置。
- 注明详图索引符号。

屋顶平面图是直接从房屋上方向下投影所得。主要表明屋顶的形状，屋面排水方向及坡度、檐沟、女儿墙、屋脊线、落水口、上人孔、水箱及其他构筑物的位置和索引符号等，如图 9-3 所示。

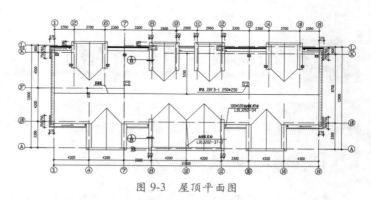

图 9-3　屋顶平面图

9.1.2　建筑平面图识读要点

读图与绘图都是建筑设计师的基本技能，二者缺一不可。下面将简单介绍一下平面图纸的基本识图常识。

1. 图名和比例

通过图名可以确定该平面图纸是建筑物的哪一层平面。而比例则是根据建筑物的大小来定的。一般建筑平面图的比例宜采用 1：50、1：100、1：200 这 3 种。

2. 定位轴线及编号

定位轴线确定了建筑物轴网的位置，也是其他建筑构筑物尺寸的基准线。在平面图中，承重墙、柱体必须标注定位轴线并进行编号，这样才能够及时了解到轴线、墙、柱之间的关系。通常横向定位轴线编号为数字，从左至右识读；纵向定位轴线编号为字母，从下向上识读。

3. 建筑平面尺寸、标高及走向

通过了解建筑物平面的总尺寸以及地面标高，各房间的进深、开间等细部尺寸，甚至各房间的进出方向，楼梯上、下行方向，有助于用户对建筑本身造型有一个大致的了解。

4. 门窗数量及型号

平面图中所有门窗均按图例绘制。门线会以 90°或 45°直线表示门的开启方向，而窗线则用两条平行的细实线来绘制。除此之外，门窗将分别以 M 和 C 两个字母以及数字编号来区别门窗的类型。当数字编号一样时，则说明门或窗的型号大小是相同的。同时在图纸外空白处会列出门窗明细表，从而让人了解到各类门窗的数量、尺寸、图例等信息。

9.2　绘制建筑首层平面图

下面将以别墅建筑为例，来向用户介绍建筑物首层平面图的绘制方法。其中包括建筑轴线的绘制、建筑墙体的绘制、建筑楼梯的绘制、建筑构筑物的绘制等。

9.2.1　绘制建筑墙体及门窗图形

在绘制首层平面图时，需要先设定好建筑外墙、柱子之间的位置关系，然后再根据外墙户型来对平面图进行填充。

Step 01 启动 AutoCAD 软件，新建空白文件。执行"图层特性"命令，打开"图层特性管理器"选项板，从中创建轴线、墙体、楼梯、门窗、标注和文字等图层，并设置其图层颜色、线型样式等，如图 9-4 所示。

Step 02 将"轴线"图层置为当前。执行"直线"命令，绘制长为 15600mm 水平方向的直线。执行"偏移"命令，将直线依次向下偏移 1500mm、3600mm、3800mm、5100mm、2000mm 和 4000mm。然后按照同样的方法绘制出纵向轴线，效果如图 9-5 所示。

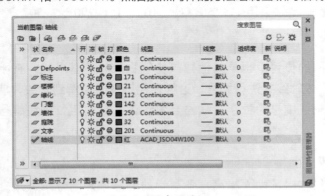

图 9-4　创建图层

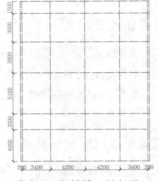

图 9-5　绘制横、纵轴线

Step 03 将"墙体"图层置为当前。执行"多线"命令，根据命令行提示设置多线参数，捕捉轴线绘制墙体，如图 9-6 所示。

命令行提示内容如下：

```
命令：_mline
当前设置：对正 = 无，比例 = 200.00，样式 = STANDARD
指定起点或 [对正 (J) / 比例 (S) / 样式 (ST)]：          (捕捉轴线交点)
输入对正类型 [上 (T) / 无 (Z) / 下 (B)] <无>：  z     (选择"无"选项，按回车键)
当前设置：对正 = 无，比例 = 200.00，样式 = STANDARD
指定起点或 [对正 (J) / 比例 (S) / 样式 (ST)]：  s     (选择"比例"选项)
输入多线比例 <200.00>：                      (输入比例值 200，按回车键)
当前设置：对正 = 无，比例 = 200.00，样式 = STANDARD
指定起点或 [对正 (J) / 比例 (S) / 样式 (ST)]：
```

Step 04 绘制完外墙体时，在命令行中输入 C 快捷命令，按回车键即可闭合多线，如图 9-7 所示。

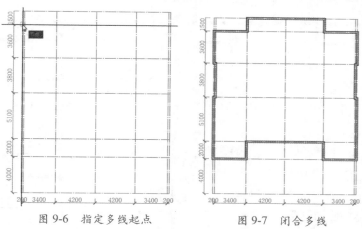

图 9-6　指定多线起点　　　　　　图 9-7　闭合多线

Step 05 继续执行"偏移"命令，将轴线进行偏移，结果如图 9-8 所示。

Step 06 执行"多线"命令，绘制内墙体，如图 9-9 所示。

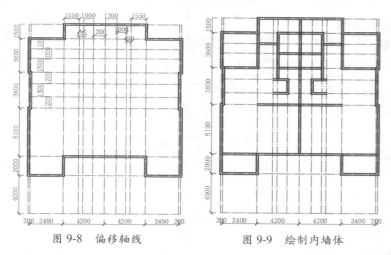

图 9-8　偏移轴线　　　　　　　图 9-9　绘制内墙体

Step 07 双击绘制的多线，打开"多线编辑工具"对话框，根据需要对多线进行编辑，编辑后效果如图 9-10 所示。

Step 08 将"庭院"图层置为当前。再次执行"多线"命令,绘制庭院墙体。双击绘制的庭院墙体,将其进行修剪,如图 9-11 所示。

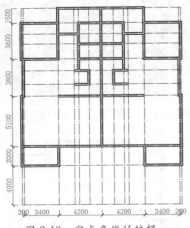

图 9-10 完成多线的编辑

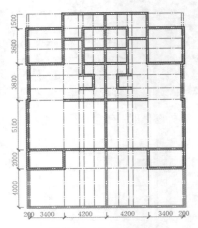

图 9-11 绘制庭院墙体

Step 09 将"门窗"图层置为当前。执行"直线"和"偏移"命令,绘制门窗洞口。执行"复制"命令,将这些门窗洞口复制到墙体相应的位置,如图 9-12 所示。

Step 10 执行"镜像"命令,将左侧绘制好的门窗洞口以墙体中轴线为镜像线,将门窗洞口镜像复制到右侧墙体中,如图 9-13 所示。

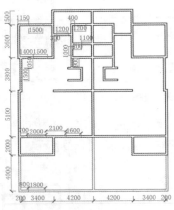

图 9-12 绘制门窗洞口

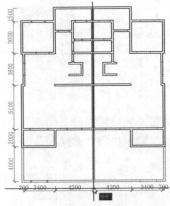

图 9-13 镜像门窗洞口

Step 11 执行"修剪"命令,修剪门窗洞口处多余的墙线,如图 9-14 所示。

Step 12 单击"矩形"按钮,绘制长 40mm,宽 900mm 的矩形。执行"圆弧"命令,以矩形右上角顶点为起点,右下角顶点为圆心,绘制一条圆心角为 90°,半径为 900mm 的圆弧,如图 9-15 所示。

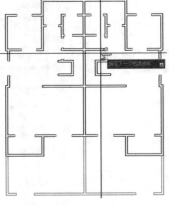

图 9-14 修剪门窗洞口

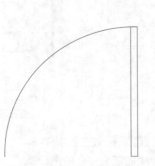

图 9-15 绘制门图形

Step 13 在命令行中输入 B 快捷命令，打开"块定义"对话框，单击"选择对象"按钮，选择门图形，按回车键返回至对话框，继续单击"拾取点"按钮，指定矩形右下角顶点为插入基点，单击"确定"按钮，将门创建成图块，如图 9-16 所示。

Step 14 执行"复制"和"旋转"命令，将门图块复制到墙体中，如图 9-17 所示。

图 9-16 创建门图块

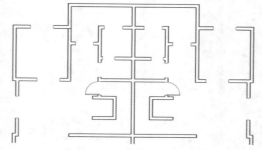

图 9-17 复制并旋转门图块

Step 15 按照同样的方法，绘制并插入其他尺寸的门图形至墙体中，如图 9-18 所示。

Step 16 执行"插入"命令，将推拉门图块插入至墙体中。执行"复制"命令，复制推拉门图块，如图 9-19 所示。

Step 17 在菜单栏中执行"格式"|"多线样式"命令，打开"多

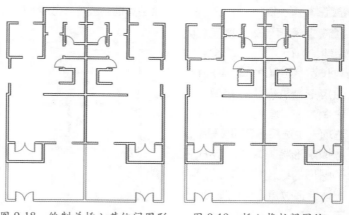

图 9-18 绘制并插入其他门图形　　图 9-19 插入推拉门图块

线样式"对话框，单击"新建"按钮，新建"窗"多线样式，单击"继续"按钮，如图 9-20 所示。

Step 18 在弹出的"新建多线样式"对话框中设置"图元"参数，并将颜色设置为青色，单击"确定"按钮，如图 9-21 所示。

图 9-20 新建多线样式

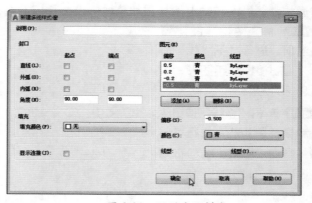

图 9-21 设置多线样式

Step 19 返回至上一级对话框，依次单击"置为当前"和"确定"按钮，如图 9-22 所示。

Step 20 执行"多线"命令，捕捉墙体中心点，绘制多线作为窗图形，如图 9-23 所示。

图 9-22 完成多线样式的设置

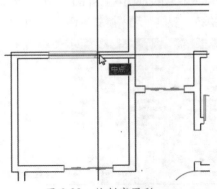

图 9-23 绘制窗图形

Step 21 再次执行"多线"命令，绘制其他窗图形，效果如图 9-24 所示。

Step 22 将"墙体"图层置为当前。执行"矩形"命令，绘制长宽为 400mm×400mm 的矩形，执行"图案填充"命令，在"图案填充创建"选项卡中选择 SOLID 图案，选择矩形将其填充，完成柱子图形的绘制。将其放置到墙体合适位置上，如图 9-25 所示。

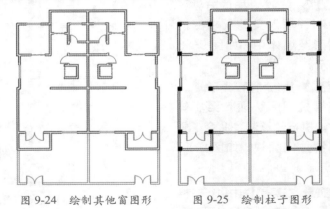

图 9-24 绘制其他窗图形　　图 9-25 绘制柱子图形

9.2.2 绘制楼梯和台阶

　　楼梯和台阶是建筑物的重要组成部分，是室内与室外的连接以及建筑物中的垂直交通构件，供人和物上下楼层和疏散人流之用。下面将为平面图添加楼梯和台阶图形。

Step 01 将"楼梯"图层置为当前。执行"多段线"命令，绘制楼梯扶手图形，如图 9-26 所示。

Step 02 单击"直线"按钮，绘制楼梯踏步线。执行"偏移"命令，将踏步线向右偏移 60mm，如图 9-27 所示。

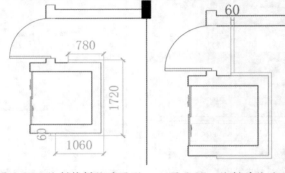

图 9-26 绘制楼梯扶手图形　　图 9-27 绘制并偏移踏步线

Step 03 删除左边绘制的直线。再次执行"偏移"命令，将刚偏移的踏步线再向右偏移 220mm，共偏移 3 次，如图 9-28 所示。

Step 04 继续执行"直线"和"偏移"命令，按照同样的方法绘制其他楼梯踏步线，效果如图 9-29 所示。

Step 05 执行"直线"命令，绘制楼梯剖断线，如图 9-30 所示。

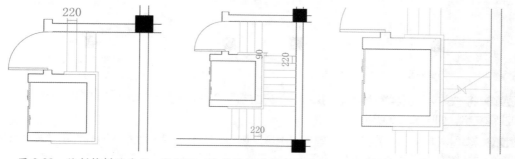

图 9-28　绘制楼梯踏步线　图 9-29　完成楼梯踏步线的绘制　　图 9-30　绘制楼梯剖断线

Step 06 执行"偏移"和"修剪"等命令，偏移距离为 100mm，完成剖断线的绘制，如图 9-31 和图 9-32 所示。

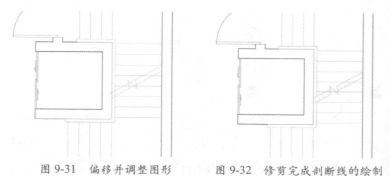

图 9-31　偏移并调整图形　　图 9-32　修剪完成剖断线的绘制

Step 07 执行"多段线"命令，根据命令行中的提示信息，绘制用来标识方向的带箭头引线，如图 9-33 所示。

```
命令：_pline
指定起点：　　　　　　　　　（指定箭头的起点）
当前线宽为 0
指定下一点或 ［圆弧 (A)/闭合 (C)/半宽 (H)/长度 (L)/放弃 (U)/宽度 (W)］：（指定下一点）
指定下一点或 ［圆弧 (A)/闭合 (C)/半宽 (H)/长度 (L)/放弃 (U)/宽度 (W)］：w（选择"宽度"选项，按回车键）
指定起点宽度 <0>：50　（输入起点宽度 50）
指定端点宽度 <50>：0　（输入端点宽度 0）
指定下一点或 ［圆弧 (A)/闭合 (C)/半宽 (H)/长度 (L)/放弃 (U)/宽度 (W)］：　（指定箭头端点，按回车键）
```

Step 08 继续执行"多段线"命令，完成另一个箭头引线的绘制，如图 9-34 所示。

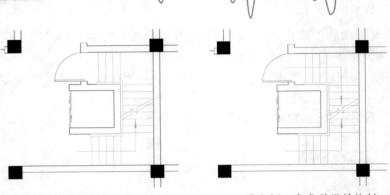

图 9-33　绘制箭头引线　　　　　图 9-34　完成引线的绘制

Step 09 将"文字"图层置为当前。执行"单行文字"命令，设置文字高度为 200，为剖断线添加注释文字，如图 9-35 所示。

Step 10 将"楼梯"图层置为当前。单击"矩形"按钮，绘制长宽分别为 640mm 和 700mm 的矩形，并放置在电梯井内，如图 9-36 所示。

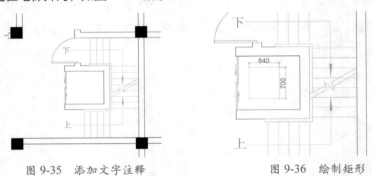

图 9-35　添加文字注释　　　　　图 9-36　绘制矩形

Step 11 继续执行"矩形"和"直线"命令，完成电梯平面图形的绘制，如图 9-37 所示。

Step 12 打开"轴线"图层，新建"栏杆"图层并置为当前。单击"直线"按钮，绘制长度为 2000mm 的直线，再执行"偏移"命令，向下偏移 60mm，如图 9-38 所示。

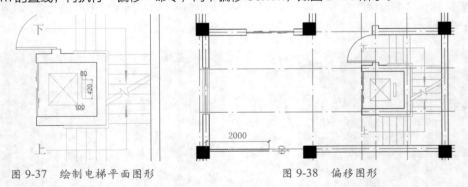

图 9-37　绘制电梯平面图形　　　　图 9-38　偏移图形

Step 13 将"楼梯"图层置为当前。单击"直线"按钮，绘制长度为 1480mm 的直线，再执行"偏移"命令，向右偏移 1100mm，如图 9-39 所示。

Step 14 继续执行"偏移"命令，将刚绘制的两条垂直线分别向外偏移50mm，执行"直线"和"修剪"命令，完成扶手图形的绘制，如图9-40所示。

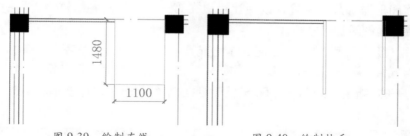

图 9-39　绘制直线　　　　　　　　图 9-40　绘制扶手

Step 15 执行"直线"和"偏移"命令，绘制楼梯踏步线，偏移尺寸如图9-41所示。

Step 16 执行"直线"和"修剪"命令，绘制2000mm的门洞，如图9-42所示。

Step 17 按照上述绘制台阶和扶手的方法，绘制如图9-43所示的台阶图形。

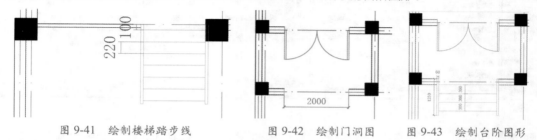

图 9-41　绘制楼梯踏步线　　　图 9-42　绘制门洞图　　　图 9-43　绘制台阶图形

Step 18 继续绘制台阶和扶手图形，效果如图9-44所示。

Step 19 关闭轴线层。执行"镜像"命令，将左侧楼梯和所有台阶图形以墙体中心线为镜像轴镜像复制到右侧。执行"修剪"命令，将镜像后的图形稍加调整，效果如图9-45所示。

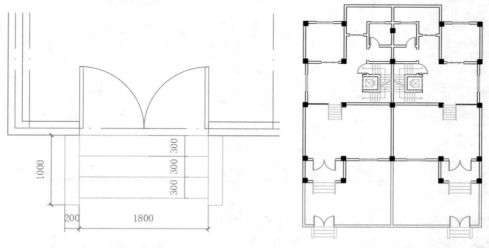

图 9-44　绘制其他台阶和扶手图形　　　图 9-45　完成所有台阶和楼梯的绘制

9.2.3 为首层平面图添加标注

对平面图形添加尺寸标注，以便让用户在第一时间了解各构筑物之间的关系。下面将对首层平面图添加尺寸标注。

Step 01 打开"轴线"图层，将"标注"图层置为当前。在菜单栏中执行"格式"|"标注样式"命令，打开"标注样式管理器"对话框，新建"平面标注"标注样式，单击"继续"按钮，如图9-46所示。

Step 02 在打开的"新建标注样式: 平面标注"对话框的"线"选项卡中设置相应参数，如图9-47所示。

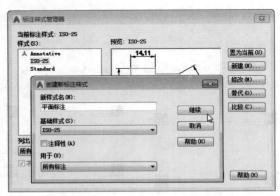

图 9-46 新建标注样式

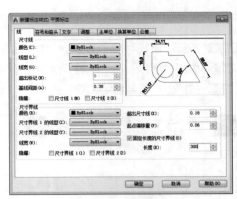

图 9-47 "线"选项卡

Step 03 切换到"符号和箭头"选项卡，将箭头样式设置为"建筑标记"，"箭头大小"设置为100，如图9-48所示。

Step 04 切换到"文字"选项卡，将"文字高度"设置为300，如图9-49所示。

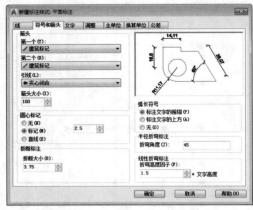

图 9-48 "符号和箭头"选项卡

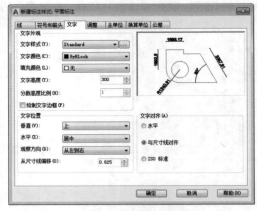

图 9-49 "文字"选项卡

Step 05 切换到"调整"选项卡，设置好其参数，如图9-50所示。

Step 06 切换到"主单位"选项卡，设置"精度"为0，单击"确定"按钮，如图9-51所示。

Step 07 返回到上一级对话框，并依次单击"置为当前"和"关闭"按钮，完成标注样式的设置，如图9-52所示。

Step 08 执行"线性标注"命令，标注首层平面图的第三道尺寸，如图 9-53 所示。

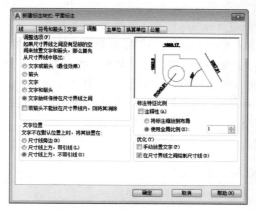

图 9-50 "调整"选项卡

图 9-51 "主单位"选项卡

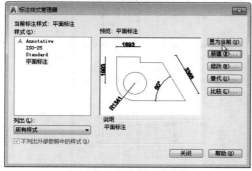

图 9-52 完成标注样式新建

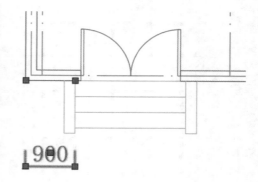

图 9-53 线性标注

Step 09 在命令行中输入快捷命令 D，在"标注样式管理器"对话框中单击"修改"按钮，并在"线"选项卡中更改固定长度的尺寸界线长度为 1000，超出尺寸线为 250，如图 9-54 所示。

Step 10 执行"线性标注"和"连续标注"命令，完成第 3 道尺寸的标注，如图 9-55 所示。

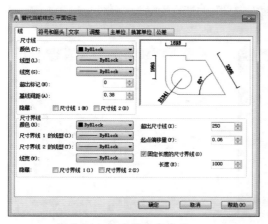

图 9-54 更改固定长度值

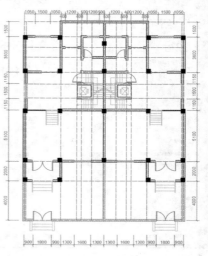

图 9-55 第 3 道尺寸标注

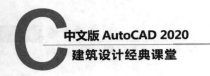

知识拓展

外部尺寸一般标注3道尺寸。第1道外包（或轴线）总尺寸，第2道开间进深轴线尺寸，第3道门窗洞口和窗间墙、变形缝等尺寸及与轴线关系。而内部尺寸是表明房间的净空大小和室内的门窗洞口的大小、墙体的厚度等尺寸。内部必须标出墙的定位、墙厚及洞口尺寸。最后，标高是将各层平面应标注完成面的标高以及标高有变化的楼、地面的标高标识出来，楼梯另有详图，可不单独标注标高。

Step 11 继续执行"线性"和"连续"命令，完成图形的第2道和第1道的尺寸标注，如图9-56和图9-57所示。

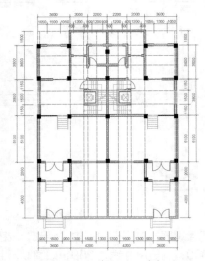

图9-56 第2道尺寸标注

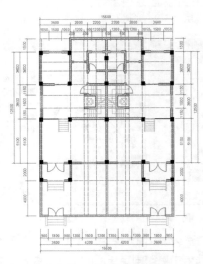

图9-57 第1道尺寸标注

Step 12 执行"圆"命令，绘制直径为800mm的圆。执行"创建块"命令，将其创建为图块，如图9-58所示。

Step 13 执行"定义属性"命令，在打开的"属性定义"对话框中输入"属性标记"内容，并设置"文字高度"为500，如图9-59所示。

图9-58 创建"轴号"图块

图9-59 定义块属性

Step 14 单击"确定"按钮，根据命令行提示指定起点，如图 9-60 所示。

Step 15 执行"直线"命令，
绘制长为 1000mm 的直线，
如图 9-61 所示。

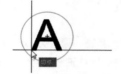

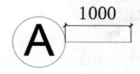

图 9-60 指定起点   图 9-61 绘制引线

Step 16 执行"移动"命令，将轴线编号移动到合适位置，如图 9-62 所示。

Step 17 执行"复制"命令，将轴线编号图形复制到相应位置。双击属性定义的文本，打开"编辑属性定义"对话框，更改"标记"文本框内容，如图 9-63 所示。

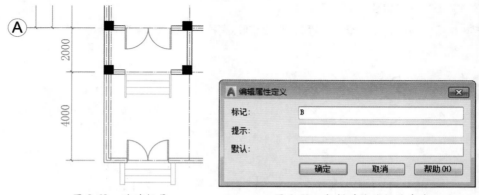

图 9-62 移动轴号   图 9-63 复制并修改轴号内容

Step 18 单击"确定"按钮完成更改。按照同样的方法绘制其他轴号，如图 9-64 所示。

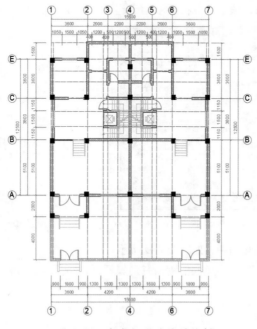

图 9-64 完成轴线编号的绘制

知识拓展

　　定位轴线处的轴线末端画细实线圆圈，直径为 8~10mm。定位轴线圆的圆心应在定位轴线的延长线或延长线的折线上，且圆内应标注轴线编号。平面图上定位轴线的编号，宜标注在图样的下方或左侧，而对于较复杂或不对称的建筑图形，图形的上方和右侧也可以标注。在标注的过程中要做到正确、完整、清晰、合理。

Step 19 新建"标高"图层并置为当前。执行"矩形"命令，绘制边长为 400mm 的正方形，并将其旋转 45°，如图 9-65 所示。

Step 20 执行"直线"和"修剪"等命令，绘制标高符号，如图 9-66 所示。

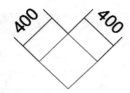

图 9-65　绘制并旋转矩形　　　　　　　图 9-66　绘制标高符号

Step 21 将"标高符号"进行块定义，并为其添加"定义属性"，在"属性定义"对话框中输入标记文本，如图 9-67 所示。

Step 22 单击"确定"按钮，根据命令行提示指定起点，完成属性定义，如图 9-68 所示。

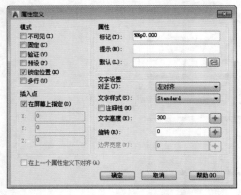

图 9-67　"属性定义"对话框　　　　　　图 9-68　完成属性定义

Step 23 移动标高符号至平面图中，如图 9-69 所示。

Step 24 将标高符号复制到图形的其他位置，并对其标记进行更改，如图 9-70 所示。

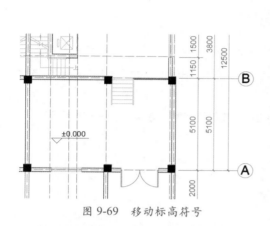

图 9-69　移动标高符号

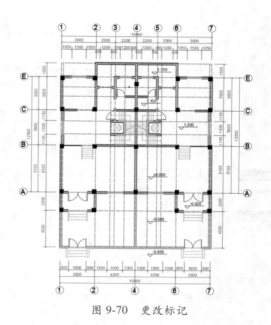

图 9-70　更改标记

Step 25 执行"镜像"命令，选择标高符号，将其进行镜像复制，如图 9-71 所示。

Step 26 将"标注"图层置为当前。执行"线性"和"连续"命令，标注内部尺寸，效果如图 9-72 所示。

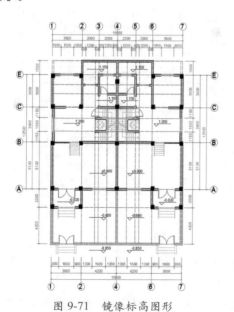

图 9-71　镜像标高图形

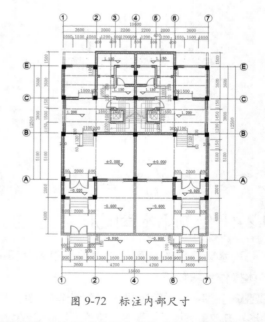

图 9-72　标注内部尺寸

Step 27 关闭"轴线"图层，将"文字"图层置为当前。执行"多行文字"命令，分别设置文字高度为 800 和 500，再执行"多段线"命令，设置线宽为 50mm，绘制多段线，完成图名的绘制，如图 9-73 所示。

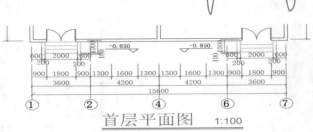

图 9-73 添加图名

Step 28 继续执行"多行文字"等命令，设置文字高度为 400、粗体、仿宋，为平面图布局添加文字注释，如图 9-74 所示。

Step 29 执行"多段线"和"单行文字"命令，绘制排水方向及坡度，效果如图 9-75 所示。

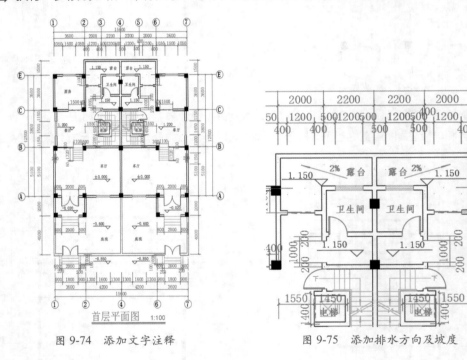

图 9-74 添加文字注释   图 9-75 添加排水方向及坡度

9.2.4 绘制雨水管图形

雨水管是将收集到檐沟里的水引到地面的竖管，有内置排水管和外置排水管之分。具体操作步骤如下。

Step 01 新建"雨水管"图层并置为当前。执行"矩形"命令，绘制长 250mm、宽 100mm 的矩形，并放置到墙体边缘合适位置，如图 9-76 所示。

Step 02 执行"分解"命令分解矩形。执行"偏移"命令，将矩形分别向左偏移 100mm，向上、下偏移 50mm，如图 9-77 所示。

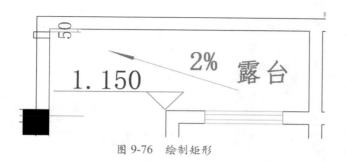

图 9-76　绘制矩形

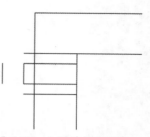

图 9-77　分解并偏移矩形

Step 03 执行"圆角"命令，将圆角半径设为 0，闭合偏移后的线段。执行"修剪"命令，将图形进行修剪，如图 9-78 所示。

Step 04 执行"直线"命令，绘制两条斜线，完成雨水管图形的绘制，如图 9-79 所示。

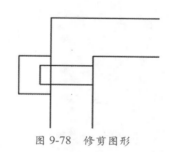

图 9-78　修剪图形

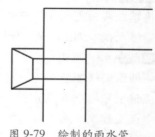

图 9-79　绘制的雨水管

Step 05 将"文字"图层置为当前。在命令行中输入 QL 快速引线命令，为雨水管添加文字注释，如图 9-80 所示。

Step 06 执行"镜像"命令，将雨水管、文字注释进行镜像复制，至此完成雨水管的绘制，如图 9-81 所示。

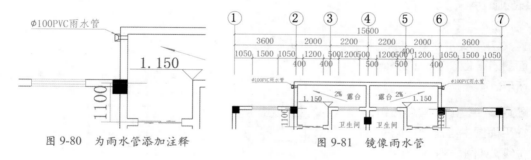

图 9-80　为雨水管添加注释　　　　　　　图 9-81　镜像雨水管

9.2.5　绘制指北针和剖切符号

指北针主要用来表明建筑朝向方位的，而剖切符号是用来标识建筑剖面位置。这两个元素都需要在首层平面图体现出来。

Step 01 新建"指北针与剖切符号"图层并置为当前。单击"圆"按钮，绘制半径为 600mm 的圆，如图 9-82 所示。

Step 02 单击"直线"按钮，绘制圆的垂直直径作为辅助线，如图 9-83 所示。

图 9-82　绘制圆 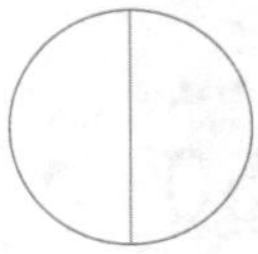　　　　　　　　　图 9-83　绘制直线

Step 03 执行"偏移"命令，将辅助线分别向左、右两侧偏移75mm，如图9-84所示。

Step 04 执行"直线"命令，将两条偏移线与圆的下方交点分别和垂直直径的上方交点连接起来，然后将其余直线删除，如图9-85所示。

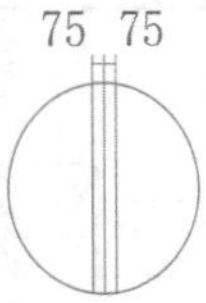

图 9-84　偏移辅助线　　　　　图 9-85　连接图形

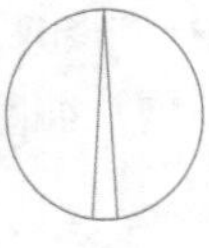

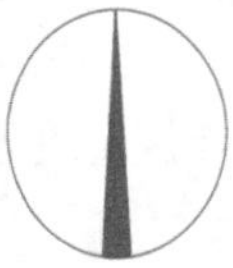

Step 05 执行"图案填充"命令，选择图案填充类型为SOLID，对中间区域进行填充，效果如图9-86所示。

Step 06 执行"多行文字"命令，输入大写英文字母N，设置文字高度为500，标示平面图的正北方向，如图9-87所示。

图 9-86　图案填充　　　　　　图 9-87　输入文字

Step 07 单击"直线"按钮，在平面图中绘制剖切面的定位线，如图9-88所示。

Step 08 执行"多段线"命令，在剖面图投影方向绘制剖视方向线长为500mm，剖切位置线长为1000mm，宽度为50mm的剖切线，并删除定位线，如图9-89所示。

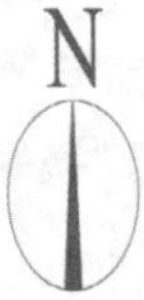

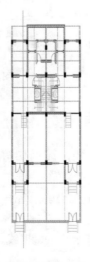

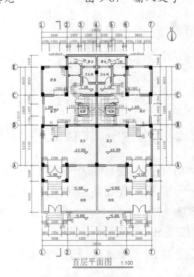

图 9-88　绘制定位线　　　　　图 9-89　绘制剖切符号

Step 09 执行"多行文字"命令,设置文字高度为300,在平面图两侧剖视方向线的端部输入剖切符号的编号为1,如图9-90所示。

Step 10 执行"移动"命令,调整剖切文字所在位置,完成首层平面图的绘制,如图9-91所示。

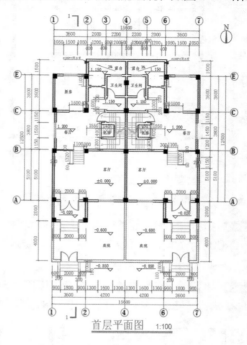

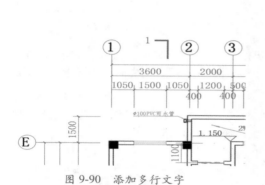

图 9-90　添加多行文字　　　　　　　图 9-91　完成首层平面图的绘制

9.3　绘制建筑二层平面图

　　别墅二层平面与首层平面有很多相同之处,其基本轴线是一致的。用户在绘制二层平面时,只需在首层平面图上稍加工就可以了。下面将介绍别墅二层平面图的绘制方法。

9.3.1　调整二层平面图形

　　二层平面图的部分墙体形状和内部房间中的门窗有变动,以首层平面图为基础,绘制二层墙体和门窗等图形。具体操作步骤如下。

Step 01 复制首层平面图。将"墙体"图层置为当前。执行"分解"命令,将墙体进行分解。删除首层平面图上的内部尺寸、文字标注、台阶、庭院等图形,如图9-92所示。

Step 02 执行"多线""修剪"等命令,调整并补充二层墙体,如图9-93所示。

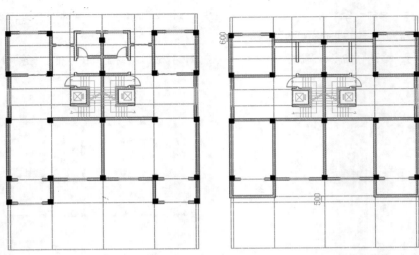

图 9-92　删除首层平面多余图形　　　　图 9-93　调整并补充二层墙体

Step 03 执行"分解"命令，将绘制的多线墙体进行分解。关闭轴线层，执行"修剪"命令，修剪出 900mm 的门洞。执行"复制"和"旋转"命令，将首层平面图中的门图形放置在门洞处，如图 9-94 所示。

Step 04 执行"修剪"命令修剪窗洞。执行"多线样式"命令，将窗样式置为当前。绘制二层窗图形。执行"偏移"命令，绘制出阳台图形，效果如图 9-95 所示。

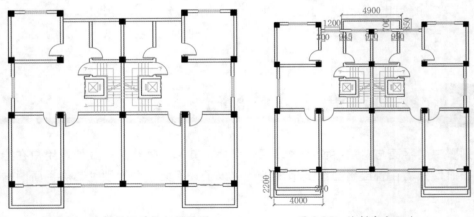

图 9-94　绘制门洞并添加门图形　　　　图 9-95　绘制窗和阳台

Step 05 将首层雨水管图形复制到二层阳台中。新建"空调板"图层并置为当前。执行"直线"和"插入块"等命令，绘制空调板并插入空调外机图块，效果如图 9-96 所示。

Step 06 新建"护栏"图层并置为当前。执行"直线"和"偏移"等命令，绘制护栏平面图形，如图 9-97 所示。

Step 07 重复上步操作，完成其余护栏图形的绘制，如图 9-98 所示。

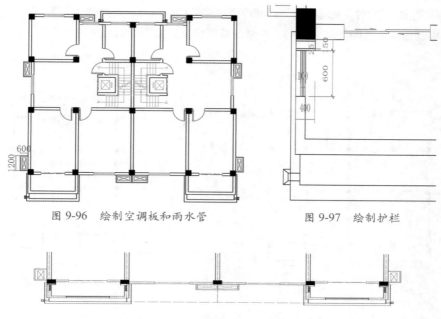

图 9-96　绘制空调板和雨水管　　　图 9-97　绘制护栏

图 9-98　完成护栏图形的绘制

9.3.2　为二层平面添加标注

　　根据首层平面图的基本轴线以及添加的门窗，标注二层平面图的 3 道尺寸和各个房间布局的注释和相应的标高等。具体操作步骤如下。

Step 01 将"标注"图层置为当前。执行"线性"和"连续"命令，标注二层平面图的第 3 道尺寸，如图 9-99 所示。

Step 02 执行"线性"和"连续"命令，标注二层平面图的第 2 道和第 1 道尺寸，如图 9-100 所示。

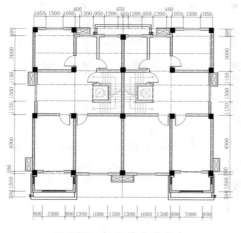

图 9-99　标注第 3 道尺寸

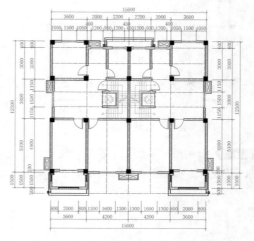

图 9-100　标注第 2 道和第 1 道尺寸

Step 03 继续执行"线性"命令，标注二层平面图中的内部尺寸，如图 9-101 所示。

Step 04 复制首层平面图的轴线编号，并修改属性定义，为平面图添加轴线标注，如图 9-102 所示。

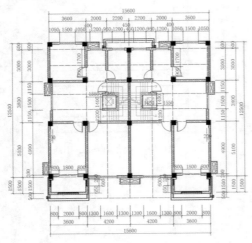

图 9-101　标注内部尺寸　　　　　　图 9-102　添加轴线标注

Step 05 为二层平面图添加标高符号及标高数字，如图 9-103 所示。

Step 06 将"文字"图层置为当前。在命令行中输入 QL 快速引线命令，设置文字高度为 250，为平面图形添加文字注释，如图 9-104 所示。

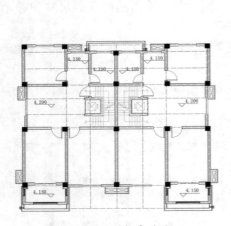
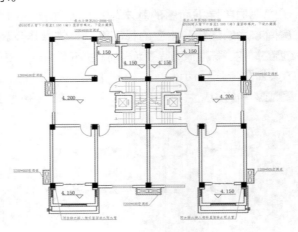

图 9-103　添加标高符号　　　　　　图 9-104　添加文字注释

Step 07 复制首层平面图中的文字注释至二层平面图中，双击并将其进行修改，为二层平面图添加文字注释，如图 9-105 所示。

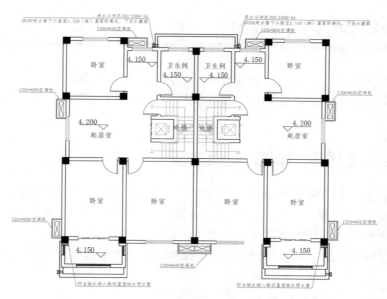

图 9-105　添加文字注释

Step 08 复制首层平面图的图名至二层平面图中，双击并更改其内容，完成二层平面图的图名添加操作，如图 9-106 所示。

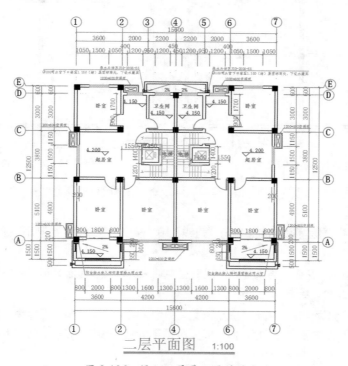

图 9-106　添加二层平面图的图名

9.4 绘制屋顶平面图

本别墅方案共四层，以上已详细介绍了首层及二层平面图的绘制操作，三层及阁楼平面图操作是相似的，在此将不再过多介绍。本小节将向用户介绍屋顶平面图的绘制方法。

9.4.1 根据楼阁平面调整屋顶结构

屋顶平面图是根据楼阁平面来进行调整的。本案例的屋顶是平屋面与坡屋面相结合的屋面，在绘制时需绘出屋面坡度或用直角三角形标注，并注明材料、檐沟下水口位置。下面将介绍具体的绘制方法。

Step 01 复制楼阁平面图，并根据需要删除平面图某些墙体、楼梯等元素，如图9-107和图9-108所示。

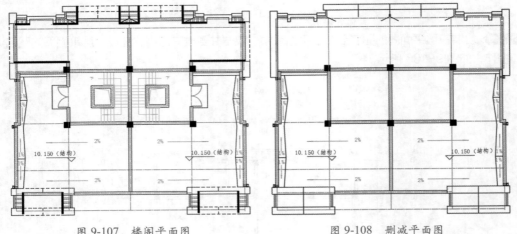

图 9-107　楼阁平面图　　　　　图 9-108　删减平面图

Step 02 关闭轴线层。执行"延伸"和"修剪"等命令，根据已有的屋脊线和排水沟，绘制坡屋面，如图9-109所示。

Step 03 将"门窗"图层置为当前。执行"直线"和"偏移"等命令，绘制雨篷图形，如图9-110所示。

Step 04 执行"镜像"命令，将雨篷图形以房屋中轴线进行镜像复制。将"墙体"图层置为当前。执行"直线"等命令，绘制其余图形，如图9-111所示。

Step 05 将0图层置为当前。执行"图案填充"命令，填充屋顶造型，设置填充图案为ANSI32，填充颜色为44，填充图案比例为30，根据区域不同分别设置角度为45°和135°，效果如图9-112所示。

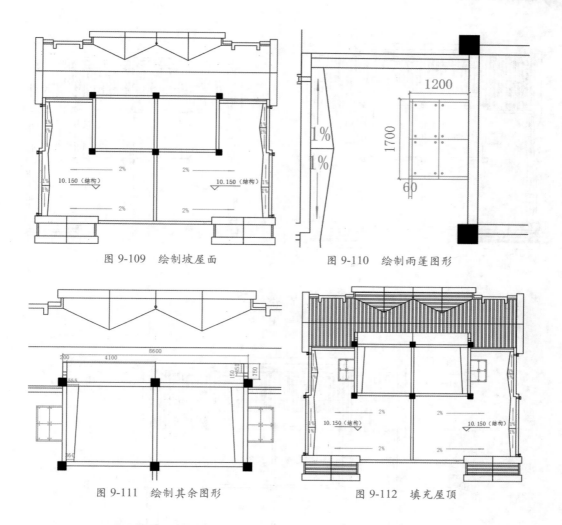

图 9-109 绘制坡屋面

图 9-110 绘制雨蓬图形

图 9-111 绘制其余图形

图 9-112 填充屋顶

9.4.2 对屋顶平面添加标注

屋顶平面结构绘制完成后，下面就需要为其添加平面尺寸。其具体操作步骤如下。

Step 01 复制标高图形及文字标注至平面图合适位置，双击其内容，在打开的"编辑属性定义"对话框中修改其文字内容，如图 9-113 所示。

Step 02 添加屋顶排水口。在命令行中输入 QL 快速引线命令，为平面图创建引线注释内容，如图 9-114 所示。

Step 03 复制阁楼尺寸标注及轴号。将标注图层设为当前。执行"线性"命令，标注屋顶内部尺寸。复制阁楼平面图的图名内容，双击并更换其图名，如图 9-115 所示。至此，别墅建筑平面图绘制完成。

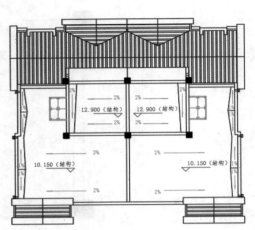

图 9-113　添加标高及文字标注

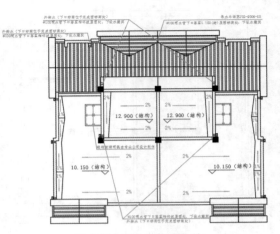

图 9-114　添加引线注释

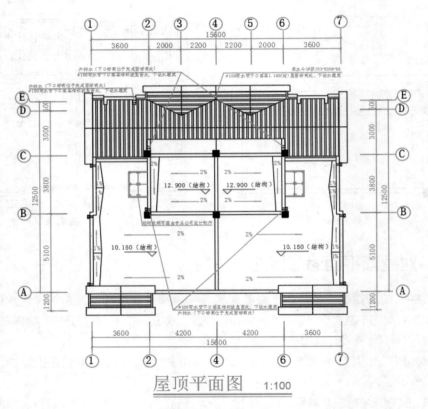

屋顶平面图　1:100

图 9-115　屋顶平面图

第10章

建筑立面图的绘制

内容导读

本章将向读者介绍建筑外立面图形的绘制方法。其中包括建筑立面图的构成、建筑立面图识图常识以及立面图的具体绘制操作。建筑立面图是用来展示建筑物外观造型和外墙面装饰材料,在绘制时需要结合建筑平面图的墙面结构进行绘制。

学习目标

▲ 熟悉建筑立面图绘制常识　　　　　　　▲ 掌握别墅侧立面图的绘制

▲ 掌握别墅正立面图的绘制

10.1　建筑立面制图常识

建筑立面图与建筑平面图有着密切的关系。从理论上来讲,立面图是建筑在某一垂直方向上的二维外形投影图。它能够反映出建筑的高度、层数、建筑外观、外墙构造等信息,是施工过程中的重要依据。本小节将对建筑立面图的一些绘图常识进行简单介绍。

10.1.1　建筑立面图的表达内容

立面图是建筑立面的正投影图,是体现建筑外观效果的图纸。严格来说,一个建筑物应绘制出所有方向的立面图,如图 10-1 所示。而在实际制图过程中,当某侧立面造型比较简单,或者与其他立面相同时可以忽略,只需绘制出一些主要立面图即可。

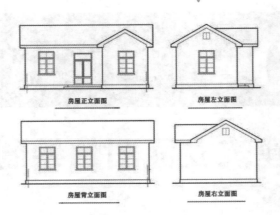

图 10-1　房屋立面示意图

用户在绘制建筑立面图时，一般需要体现出以下几个方面的内容。

● 立面图应绘制两端及展开立面转折处轴线和轴线编号。

● 立面的外轮廓及主要结构和建筑构造的位置，如女儿墙、檐口、柱、变形缝、室外楼梯和垂直爬梯、室外空调机搁板、阳台、栏杆、台阶、坡道、花台、雨篷、烟道、勒脚、门窗、幕墙、洞口、门头、雨水管以及其他装饰构件、线脚和粉刷分格线等。

● 当前后立面重叠时，前面的建筑外轮廓线宜向外加粗，避免混淆。另外，立面的门窗洞口轮廓线宜粗于门窗和粉刷分格线，使立面更有层次、更清晰。

● 标注平面图、剖面图未表示的标高或高度。如台阶、门窗洞口、雨篷、阳台、屋顶机房、外墙留洞以及其他装饰构件等。标注关键控制标高，如：室外地坪、平屋面檐口上皮、女儿墙顶面的高度、坡屋面建筑檐口及屋脊高度，如图 10-2 所示。

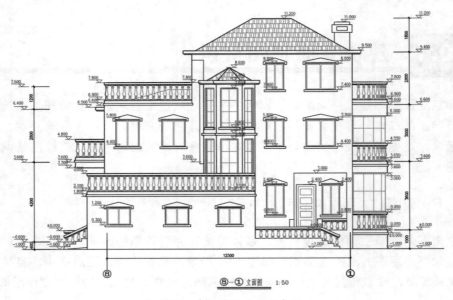

图 10-2　建筑外观立面示意图

- 在平面图上表达不清的窗编号、进排气口等，并标注尺寸及标高。
- 外装修用料的名称或代号、颜色等应直接标注在立面图上。
- 外墙身详图的索引符号可以标注在立面图上，亦可标注在剖面图上，以表达清楚、易于查找详图为原则。

10.1.2　建筑立面图的命名方式

建筑立面图命名的目的在于能够一目了然地识别其立面图的位置，因此，命名的方式均是依此为目的来采取的具体方式。命名的方式通常有两种。

1. 按轴线编号命名

按立面两端轴线的编号命名，如①～⑨轴立面图，这是最常用、最准确的方法。立面图需标注两端轴线及轴号，不用标全部轴号。

2. 按建筑朝向命名

对于无定位轴线的建筑物，可按建筑立面朝向来命名。如南立面图、北立面图。当然这种方式适用于建筑朝向较正时，且一般用于方案阶段，而施工图阶段不提倡使用此方法。

10.1.3　建筑立面图的绘制要求

当某个建筑立面与其他立面相同时，可以忽略不计。而当建筑物有曲线、圆形或多边形侧面时，可以为其分段绘制展开立面图，并在其图名后加注"展开"二字。这样能够真实地反映出建筑物的实际情况。

在建筑物立面图中，相同的门窗、阳台、外檐构造等可在局部重点表示，绘制出其完整的图形，其余部分只需绘制轮廓线。如果门窗不是引用有关门窗图集，则其细部构造需要绘制大样图来表示。

建筑立面图的比例可与平面图不一致，以能表达清楚又方便看图（图幅不宜过大）为原则，比例在 1：100、1：150 或 1：200 之间选择皆可。

除此之外，建筑外墙表面的分格线应表示清楚。当立面分格较复杂时，可将立面分格及外装修做法另行出图。

10.2　绘制建筑正立面图

本案例将以第 9 章绘制的别墅平面图为例，来绘制其正立面图。别墅正立面为别墅的主入口，是反应入口的外貌特征和造型的一面。用户可根据绘制好的首层平面图来绘制定位辅助线，并结合具体标高数值来对该立面图进行细化操作。

10.2.1　绘制别墅立面结构

下面将根据别墅首层平面图，来绘制其正立面的结构造型轮廓，其具体操作步骤如下。

Step 01 复制别墅首层平面图，删除其室内门窗、楼梯等元素，保留平面图入口的外墙、台阶、立柱、外墙门窗等图形，如图 10-3 所示。

Step 02 执行"图层特性"命令，打开"图层特性管理器"选项板，新建"地坪线""建筑墙""外轮廓线""外立面填充"和"立面看线"等图层，如图 10-4 所示。

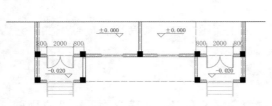

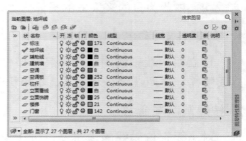

图 10-3　调整首层平面图　　　　　　　　　　图 10-4　新建图层

Step 03 将"地坪线"图层置为当前。执行"多段线"命令，在调整后的首层平面图上方绘制一条长为 18000mm、宽度为 80mm 的多段线作为地坪线，如图 10-5 所示。

Step 04 将"建筑墙"图层置为当前。执行"射线"命令，在平面图中捕捉纵向轴线，垂直向上绘制射线，得到外墙定位线，如图 10-6 所示。

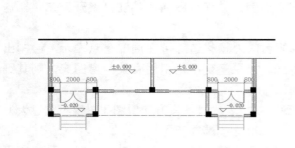

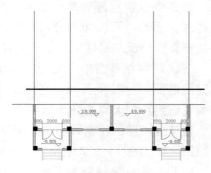

图 10-5　绘制地坪线　　　　　　　　　　图 10-6　绘制射线

Step 05 执行"偏移"命令，将地坪线向上偏移 14400mm，如图 10-7 所示。

Step 06 用鼠标右键单击偏移后的地坪线，在弹出的快捷菜单中选择"宽度"命令，将宽度设为 0。再执行"修剪"命令修剪图形，得到外墙定位线，如图 10-8 所示。

Step 07 将"辅助线"图层设为当前。执行"偏移"命令，将地坪线向上依次偏移 600mm、4200mm、3000mm、3000mm 和 3600mm，如图 10-9 所示。

Step 08 用鼠标右键单击偏移后的多段线，在弹出的快捷菜单中选择"宽度"命令，指定新宽度为 0，按两次回车键，完成该多段线宽度的更改操作，如图 10-10 所示。

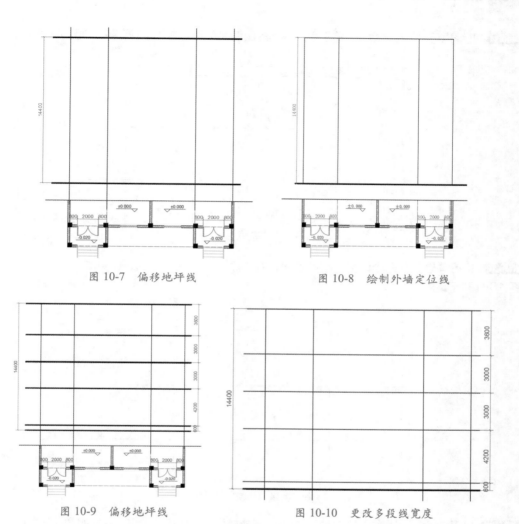

图 10-7　偏移地坪线　　　　　　图 10-8　绘制外墙定位线

图 10-9　偏移地坪线　　　　　　图 10-10　更改多段线宽度

Step 09 执行"修剪"命令修剪多余图形，完成别墅楼层结构的绘制操作，如图 10-11 所示。

Step 10 将"墙体"图层置为当前。执行"直线"和"偏移"命令，绘制三角形墙面的立面轮廓线，如图 10-12 所示。

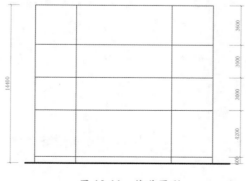

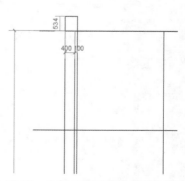

图 10-11　修剪图形　　　　　　图 10-12　绘制三角形墙体立面轮廓

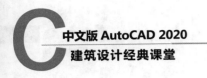

Step 11 继续执行"偏移"命令，将三角形墙面的山墙线分别向右、向下偏移，如图 10-13 所示。

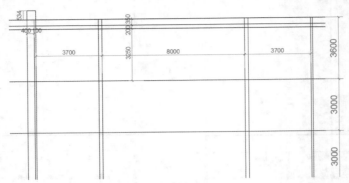

图 10-13　偏移轮廓线

Step 12 执行"修剪"命令修剪偏移的线段，并将原本 4 条辅助线的颜色更改为红色，效果如图 10-14 所示。

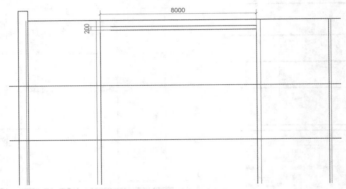

图 10-14　修剪轮廓线

Step 13 执行"偏移""直线"和"修剪"命令，完成楼梯间外轮廓的绘制，效果如图 10-15 所示。

Step 14 引用屋顶平面图，分析屋顶排水沟、山墙和屋脊之间的关系，执行"直线"和"旋转"等命令，绘制山墙和檐沟图形，并将水平辅助线的颜色更改为红色，如图 10-16 所示。

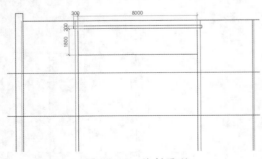

图 10-15　绘制图形

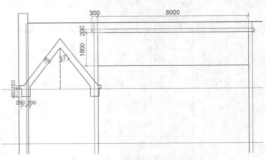

图 10-16　绘制山墙和檐沟图形

Step 15 执行"镜像"命令，将绘制好的屋顶图形进行镜像复制操作，如图 10-17 所示。

Step 16 执行"修剪"等命令，修剪复制屋面图形，如图 10-18 所示。

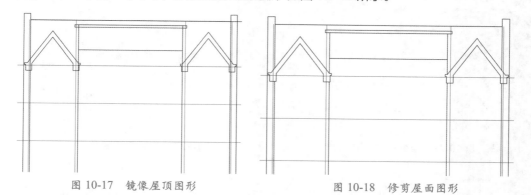

图 10-17　镜像屋顶图形　　　　　　　图 10-18　修剪屋面图形

Step 17 执行"偏移""圆角"和"修剪"等命令，完成山墙图形细节的绘制，如图 10-19 所示。

图 10-19　绘制山墙细节

Step 18 将"栏杆"图层置为当前。继续执行"偏移"等命令，绘制屋顶栏杆图形及其他图形，效果如图 10-20 所示。

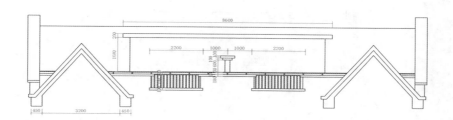

图 10-20　绘制栏杆图形

Step 19 将"门窗"图层置为当前。执行"直线""偏移"和"修剪"等命令，绘制雨篷立面图形，完成屋顶立面的绘制，如图 10-21 所示。

Step 20 执行"镜像"命令，完成另一侧雨篷图形的复制操作，如图 10-22 所示。

Step 21 将"楼梯"图层置为当前。执行"偏移"和"修剪"等命令，绘制入口台阶图形，如图 10-23 所示。

Step 22 将"空调板"图层置为当前。再次执行"偏移"和"修剪"等命令，绘制空调室外机图形，如图 10-24 所示。

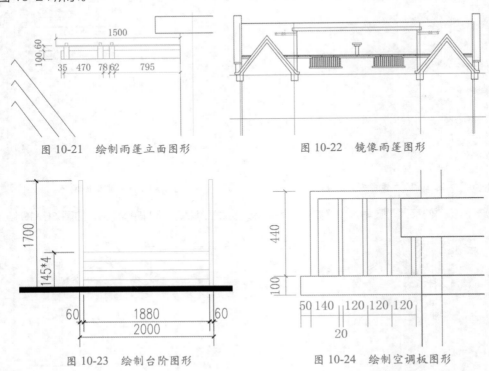

图 10-21　绘制雨篷立面图形

图 10-22　镜像雨篷图形

图 10-23　绘制台阶图形

图 10-24　绘制空调板图形

Step 23 将"立面看线"图层置为当前。执行"偏移"和"直线"等命令，绘制阳台图形。执行"镜像"命令，将左侧绘制好的立面造型镜像复制到右侧，并执行"修剪"命令，将其进行修剪操作，如图 10-25 所示。

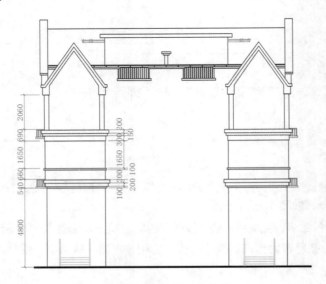

图 10-25　绘制阳台图形

Step 24 将"门窗"图层置为当前。执行"插入"命令插入"入户门"图块,再将其"分解",调整并放置在合适位置,如图 10-26 所示。

Step 25 将"栏杆"图层置为当前。执行"直线""偏移"和"修剪"等命令,绘制栏杆图形,如图 10-27 所示。

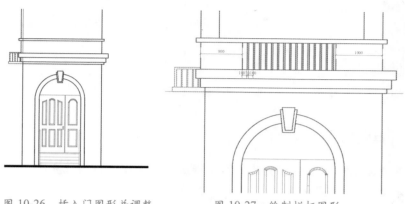

图 10-26 插入门图形并调整　　　　图 10-27 绘制栏杆图形

Step 26 继续执行"直线"和"偏移"等命令,完成三层阳台部分的栏杆图形绘制,如图 10-28 所示。执行"镜像"命令,将入户门、栏杆图形进行镜像复制。

Step 27 执行"偏移"命令,绘制立面墙体中间的窗户轮廓线,尺寸如图 10-29 所示。

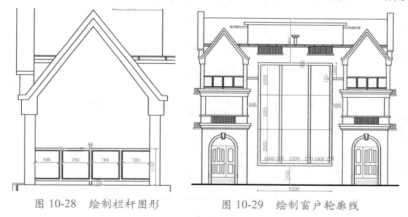

图 10-28 绘制栏杆图形　　　　图 10-29 绘制窗户轮廓线

Step 28 继续执行"偏移""修剪"和"复制"等命令,绘制窗户中间的栏杆图形,效果如图 10-30 所示。

Step 29 将"门窗"图层置为当前。执行"直线""偏移"和"修剪"等命令,绘制窗户图形,具体尺寸如图 10-31 所示。

Step 30 继续上一步操作,按照同样的方法完成其余窗的绘制。执行"偏移"命令,将地坪线向上依次偏移 600mm 和 100mm,将偏移后的地坪线线宽都设为 0,执行"修剪"命令修剪线段,如图 10-32 所示。

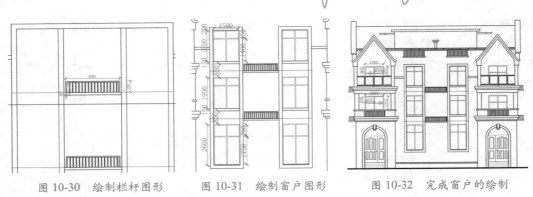

图 10-30　绘制栏杆图形　　　图 10-31　绘制窗户图形　　　图 10-32　完成窗户的绘制

10.2.2　填充外立面图形

别墅外立面结构基本绘制完成。下面将对外立面墙体进行填充操作，使之具有层次感。具体操作步骤如下：

Step 01 将"外立面填充"图层置为当前。执行"图案填充"命令，选择图案填充类型为 AR-B816C，并设置好填充颜色、比例参数，如图 10-33 所示。

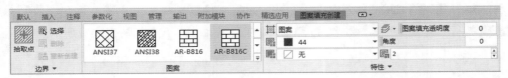

图 10-33　设置填充参数

Step 02 选中入户门外立面区域进行填充，效果如图 10-34 所示。

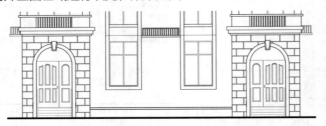

图 10-34　填充入户门外立面区域

Step 03 继续执行"图案填充"命令，选择图案填充类型为 ANSI32，并设置好填充角度及比例值，如图 10-35 所示。

图 10-35　设置填充参数

Step 04 选择立面屋顶区域进行填充，效果如图 10-36 所示。

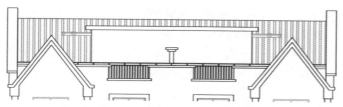

图 10-36　填充立面屋顶区域

Step 05 继续执行"图案填充"命令，对外立面的女儿墙及外墙砖进行填充，效果如图 10-37 和图 10-38 所示。

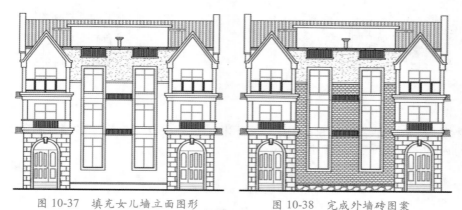

图 10-37　填充女儿墙立面图形　　　　图 10-38　完成外墙砖图案

10.2.3　为别墅添加立面尺寸标注

为了能够直观的了解别墅立面各个构筑物之间的尺寸关系，就需要对其立面图进行尺寸标注。由于前面已完成了外立面造型的绘制，下面将为其添加文字及尺寸注释。

Step 01 将"外轮廓线"图层置为当前。执行"多段线"命令，设置宽度为 50，沿着别墅外立面绘制轮廓线，如图 10-39 所示。

Step 02 将"标注"图层置为当前。新建"立面标注"标注样式，并设置相应参数。执行"线性"和"连续"命令，标注左侧立面尺寸，如图 10-40 所示。

图 10-39　绘制外轮廓线　　　　图 10-40　标注左侧立面尺寸

Step 03 按照同样的操作，标注右侧立面以及水平立面的尺寸。然后在首层平面图中复制相应的轴号至水平标注上，效果如图 10-41 所示。

Step 04 将"标高"图层置为当前。执行"直线"命令，绘制标高符号，并将其创建块和定义属性，完成标高标注，如图 10-42 所示。

图 10-41　完成立面尺寸标注　　　　图 10-42　完成标高标注

Step 05 将"文字"图层置为当前。执行"快速引线""多段线"和"多行文字"等命令，为立面图添加引线注释及图名，如图 10-43 所示。

图 10-43　完成正立面图的绘制

10.3　绘制建筑侧立面图

　　本小节将绘制别墅西立面图，其绘制方法与正立面图相似。在刚开始绘制时，用户需要结合其正立面图以及首层平面图进行绘制。

10.3.1　绘制别墅侧立面结构

　　在已绘制好的别墅正立面图的基础上，结合平面图西侧的进深尺寸，来绘制别墅西立面图的构造。具体绘制步骤如下。

Step 01 将首层平面图复制到当前图纸中。删除室内门窗、楼梯元素，保留西侧外墙、台阶、立柱、外墙门窗等元素。执行"旋转"命令，将调整后的图形进行 90° 旋转，如图 10-44 所示。

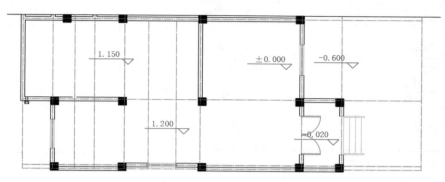

图 10-44 调整首层平面图形

Step 02 将"建筑墙"图层设为当前层。执行"射线"命令，捕捉正立面图的各个结构点，向右绘制辅助线。再次执行"射线"命令，捕捉首层平面图的墙柱节点，向下绘制辅助线，完成西立面定位墙线的绘制，如图 10-45 所示。

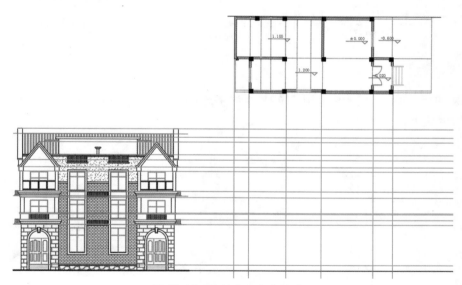

图 10-45 绘制立面定位墙线

Step 03 将"地坪线"图层设为当前。执行"多段线"命令，绘制一条长 20000mm、线宽为 80mm 的地坪线，如图 10-46 所示。

Step 04 将"建筑墙"图层置为当前。执行"直线""偏移""修剪"等命令，绘制如图 10-47 所示的三角形屋顶及檐口。

Step 05 同样执行"偏移""直线""修剪"等命令，绘制出屋顶山墙图形，其尺寸如图 10-48 所示。

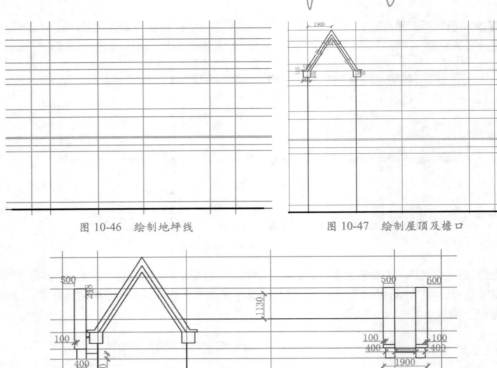

图 10-46　绘制地坪线　　　　　　　　　图 10-47　绘制屋顶及檐口

图 10-48　绘制屋顶山墙图形

Step 06 执行"矩形""偏移"和"修剪"命令，绘制出屋顶楼梯间、墙面分割线条，尺寸如图 10-49 所示。

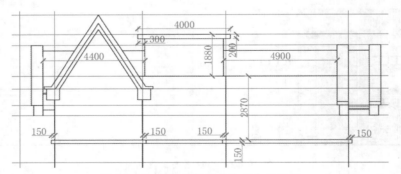

图 10-49　绘制楼梯间及墙面分割线条

Step 07 继续执行"偏移"和"修剪"命令，完善立面墙大致轮廓的绘制，尺寸如图 10-50 所示。

Step 08 删除所有辅助线。将"栏杆"图层设为当前。执行"偏移"和"修剪"命令，绘制女儿墙栏杆图形，其尺寸如图 10-51 所示。

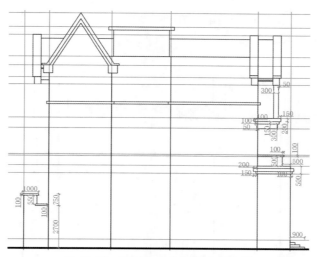

图 10-50 完善立面墙体轮廓的绘制

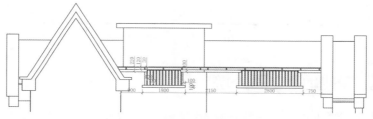

图 10-51 绘制女儿墙栏杆图形

Step 09 按照同样的操作方法完成其他楼层栏杆的绘制。将"门窗"图层置为当前。执行"矩形"
"偏移""修剪""复制""圆"命令，绘制立面窗户及楼梯间雨篷图形，如图 10-52 所示。

Step 10 将"空调板"图层置为当前。执行"偏移"和"修剪"等命令，结合二层平面图尺寸，
绘制空调室外机图形，并将其进行复制，如图 10-53 所示。

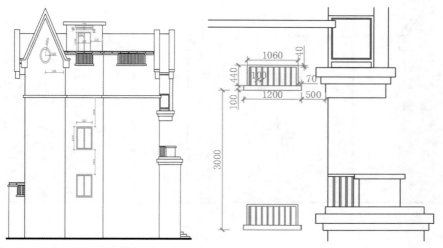

图 10-52 绘制立面窗户楼梯间雨篷图形　　　　图 10-53 绘制空调室外机图形

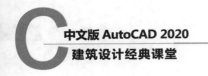
Step 11 将"外轮廓线"图层置为当前。执行"多段线"命令，绘制立面外轮廓线，线宽为50mm，如图 10-54 所示。

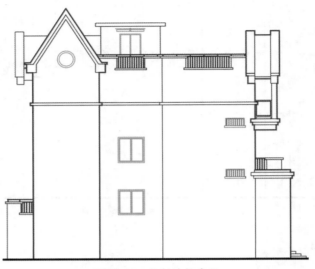

图 10-54　绘制外轮廓线

10.3.2　填充别墅侧立面外墙

下面将结合别墅正立面外墙填充的图案，来为侧立面外墙填充相同的图案形状。

Step 01 将"外立面填充"图层置为当前。执行"图案填充"命令填充外墙图形，填充图案类型和比例与正立面图一致，效果如图 10-55 所示。

Step 02 继续执行"图案填充"命令填充三角屋顶，至此完成侧立面外墙图形的填充操作，效果如图 10-56 所示。

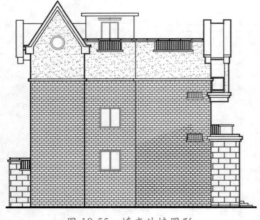

图 10-55　填充外墙图形

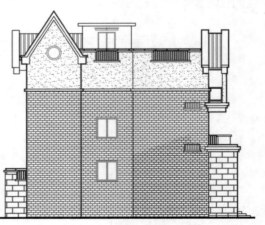

图 10-56　完成侧立面外墙的填充

10.3.3　为别墅侧立面添加尺寸标注

下面将为别墅侧立面图添加相应的尺寸标注。由于之前已经设定好了标注样式，在此可以直接应用该标注样式。

Step 01 将"标注"图层置为当前。执行"线性"和"连续"命令，创建纵向和横向两类尺寸标注，如图 10-57 所示。

图 10-57　标注侧立面图

Step 02 复制标高图标符号至尺寸标注线合适位置。双击标高参数，在"编辑属性定义"对话框中修改其标高值。按照同样的操作，复制轴号至横向尺寸标注上，并修改其轴号，如图 10-58 所示。

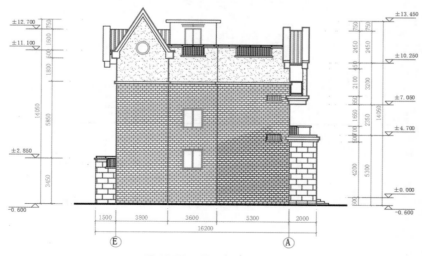

图 10-58　添加标高及轴号

Step 03 将"文字"图层置为当前。执行"快速引线"等命令,为别墅侧立面图添加材料注释,如图 10-59 所示。

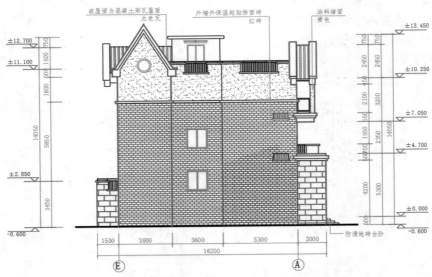

图 10-59 为侧立面图添加材料注释

Step 04 复制正立面图图名内容,双击并修改其内容,效果如图 10-60 所示。至此别墅西立面图绘制完毕。

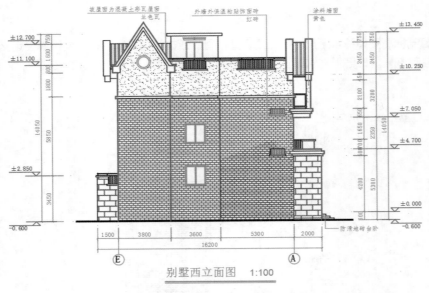

别墅西立面图 1:100

图 10-60 为别墅西立面图添加图名

第**11**章

——建筑剖面及详图的绘制——

内容导读

本章将在别墅西立面图的基础上，来介绍建筑剖面图及详图的绘制方法与技巧。建筑详图属于施工图设计部分。它是对建筑内部构造、施工节点进行加工说明，是建筑平面图、立面图、剖面图的一个补充。而剖面图是建筑空间关系的必备图样，是建筑制图中的重要环节之一，同时也是施工人员在施工时的重要依据。

学习目标

▲ 熟悉建筑剖面图绘制方法   ▲ 掌握建筑详图的绘制

11.1 建筑剖面制图常识

剖面图是整个建筑物垂直剖切后所形成的剖视图，是用来表达建筑物内部垂直方向上的高度、楼层、建筑构件构造等问题。下面将建筑剖面图基本常识进行简单介绍。

11.1.1 建筑剖面图的图示内容

剖面图是将建筑物按照指定的位置剖开，去除一侧后剩余的部分按正投影的原理，投射到与剖切平面平行的投影面上所产生的图形。不同的设计阶段，其剖面图图示的内容也会有所不同。

● 方案阶段

在方案阶段中，重点在于表达剖切部位的空间关系、建筑层数、高度、室内外高差等。剖面图中应注明室内外地坪标高、楼层标高、建筑总高度、剖面编号、比例等。如果有建筑高度控制，还需要标明建筑最高点的标高，如图 11-1 所示。

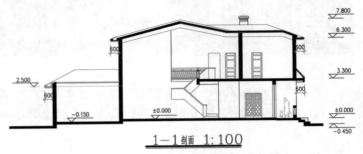

1—1 剖面 1:100

图 11-1　方案阶段的建筑剖面图

● 初步设计阶段

在初步设计阶段中，用户则需要在方案图基础上增加主要内外承重墙、柱的定位轴线和编号，更详细、清晰、准确地表达出建筑结构、构件之间的关系，如图 11-2 所示。

● 施工图阶段

施工图阶段中，在优化、调整、丰富初设图的基础上，图示内容也最为详细。一方面是剖到的和看到的构配件图样准确、详尽、到位；另一方面是标注详细。除了标注室内外地坪、楼层、屋面突出物、各构配件的标高外，还有竖向尺寸标注和水平尺寸标注。竖向尺寸标注包括外部3道尺寸和内部地坑、隔断、吊顶、门窗等部位的尺寸；水平尺寸标注包括两端和内部剖到的墙、柱定位轴线间尺寸及轴线编号，如图 11-3 所示。

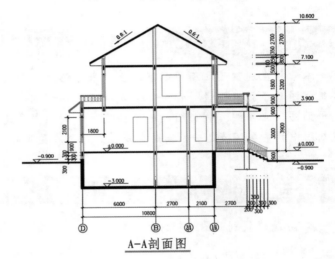

A—A 剖面图

图 11-2　设计阶段的建筑剖面图

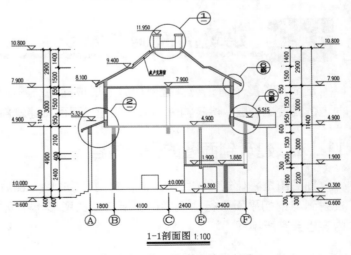

1—1剖面图 1:100

图 11-3　施工图阶段的剖面图

以上介绍的是在不同设计阶段的剖面图，其表达形式是不同的。那么在绘制剖面图时，需要展示出以下几点要素。

- 主要承重构件的定位轴线及编号。
- 被剖切到的门窗图形。
- 没有剖切到，但可以看到的部分构件。
- 剖切处的各种构配件的材质符号。
- 各处墙体剖面轮廓，各个楼层的楼板、屋面、屋顶构造轮廓图形，以及楼梯段、梁、平台、阳台、地面和地下室的轮廓图样。
- 表明建筑主要承重构件的相互关系。
- 标高和竖向的尺寸标注。
- 剖面图中不能详细表达的部位，应隐藏索引号，并绘制出详图以及添加必要文字说明。

11.1.2　建筑剖面图的剖切原则

在对建筑物进行剖切时，需要遵循两点剖切原则，分别是剖切位置和剖切数量。

1. 剖切位置

建筑剖面图的剖切位置，一般应选择在建筑物的结构和构造比较复杂、能反映建筑物结构特征的具有代表性的部位，如楼梯间、层高发生变化的部位等。剖切平面应尽量剖到墙体上的门、窗洞口，以便表达门、窗的高度和位置。

2. 剖切数量

剖切数量可视建筑物的复杂程度和实际情况来定。建筑物越复杂，相关的剖面图的数量越会相对多一些，从而能够清楚地表达出各建筑构件之间的关系。在对剖面图进行编号时，可以用数字、罗马数字或拉丁字母来注释。

11.1.3　绘制建筑 1-1 剖面图

下面将以绘制别墅 1-1 剖面图为例，来介绍常规剖面图绘制的方法。

Step 01 复制别墅西立面图，对其立面图进行适当的删减及调整。执行"镜像"命令，将调整后的立面图进行镜像复制操作，如图 11-4 所示。

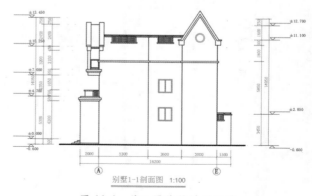

别墅1-1剖面图 1:100

图 11-4　施工图阶段的剖面图

Step 02 将"栏杆"图层置为当前。执行"修剪"等命令修改栏杆图形，如图 11-5 所示。

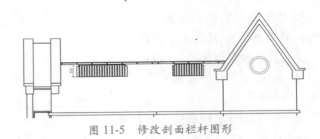

图 11-5　修改剖面栏杆图形

Step 03 将"建筑墙"图层置为当前。执行"直线""偏移"和"修剪"等命令，绘制屋顶剖面，如图 11-6 所示。

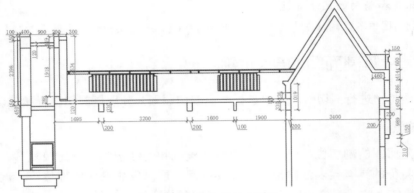

图 11-6　绘制屋顶剖面图形

Step 04 将"辅助线"图层置为当前。执行"直线""偏移"和"修剪"等命令，绘制楼板辅助线，效果如图 11-7 所示。

Step 05 将"建筑墙"图层置为当前。执行"直线""偏移"和"圆角"等命令，绘制楼板、墙面剖面图形，如图 11-8 所示。

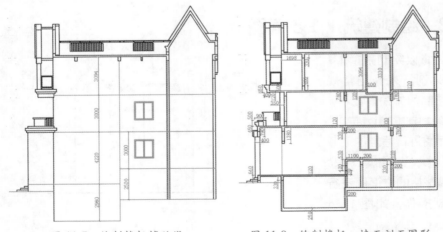

图 11-7　绘制楼板辅助线　　　　图 11-8　绘制楼板、墙面剖面图形

Step 06 将"楼梯"图层置为当前。执行"直线""偏移"和"修剪"等命令,绘制楼梯和台阶图形。再将"栏杆"图层置为当前,执行"直线"和"偏移"命令,绘制栏杆扶手图形,如图 11-9 所示。

Step 07 将"建筑墙"图层置为当前。继续执行"直线""偏移"和"修剪"命令,绘制门窗剖面图形,如图 11-10 所示。

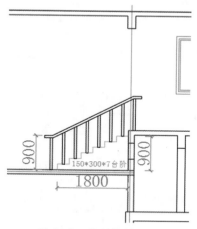

图 11-9　绘制楼梯图形

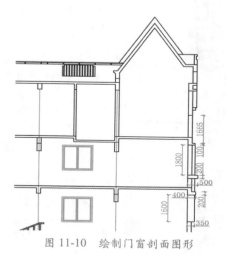

图 11-10　绘制门窗剖面图形

Step 08 将"门窗"图层置为当前。执行"格式"|"多线样式"命令,打开"多线样式"对话框,新建"立面窗"样式,在打开的"新建多线样式:立面窗"对话框中对多线样式进行调整,如图 11-11 和图 11-12 所示。

图 11-11　创建立面窗样式

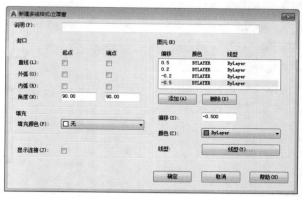

图 11-12　设置样式参数

Step 09 将创建的样式置为当前。执行"多线"命令后,在剖面图中绘制窗户图形,效果如图 11-13 所示。

Step 10 将"文字"图层置为当前。执行"多行文字"命令,设置文字高度为 300,为剖面图形添加文字注释。执行"复制"命令,将文字进行复制并修改,如图 11-14 所示。

Step 11 将"建筑墙"图层置为当前。执行"图案填充"命令,选择 SOLID 图案,并设置好填充色,如图 11-15 所示。

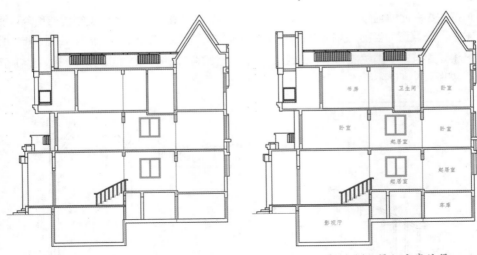

图 11-13　绘制窗户图形　　　　　　　图 11-14　添加文字注释

图 11-15　设置填充参数

Step 12 选择剖面墙体与楼板层区域，将其进行填充。

Step 13 将"标注"层设为当前。调整一下剖面图尺寸标注，别墅 1-1 剖面图的绘制完成，如图 11-16 所示。

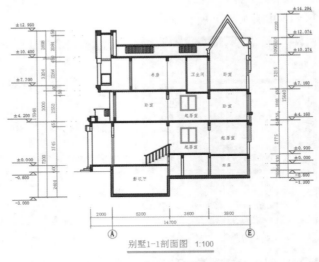

图 11-16　别墅 1-1 剖面效果图

11.2　建筑详图制图常识

建筑详图是施工图中不可缺少的一部分，是施工人员施工的重要依据。它主要是对建筑平面图、立面图、剖面图进行补充。将那些复杂构件的细节进行放大绘制。例如楼梯构造、屋檐檐口构造、卫生间构造等。本小节将对建筑详图制图标准进行介绍。

11.2.1 建筑详图的图示内容

建筑详图是表明细部构造、尺寸及用料等全部资料的详细图样。其特点是比例大、尺寸齐全、文字说明详尽。在详图上，尺寸标注要齐全，要标注出主要部位的标高、用料及做法等。

1. 比例

对于平面图、立面图和剖面图来说，由于绘制的图形比较大，所以经常用 1 ： 100 的比例进行绘制。当然，对于一些大型建筑物来说，有时也会采用 1 ： 200 的比例绘制。而建筑大样图的图形相对来说比较小，所以采用正常的 1 ： 1、1 ： 5、1 ： 10、1 ： 50 等比例即可，如图 11-17 所示。

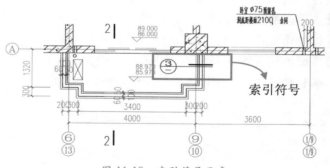

图 11-17 阳台详图示意

2. 索引符号

如果需要对图纸中某个细节部位绘制详图，那么就要在相应的部分绘制出索引符号。该符号的圆、直径线段应以细实线显示，直径线段应为 10mm。索引符号的引出线需沿着水平直径方向延长，并指向被索引的部位，如图 11-18 所示。

图 11-18 索引符号示意

索引符号上半部分的数值表示该详图的编号，而下半部分的数值则表示该详图所在图纸的页码。如只显示 "—" 符号，则表示该详图就在当前图纸中显示。

11.2.2 建筑详图的分类

建筑详图有不同的种类，大体分为以下 3 个部分。

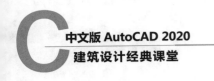
1. 构造详图

　　构造详图是指台阶、坡道、散水、地沟、楼地面、内外墙面、吊顶、屋面防水保温、地下防水等构造做法。

这部分大多可以引用或参见标准图集。另外，还有墙身、楼梯、电梯、自动扶梯、阳台、门头、雨罩、卫生间、设备机房等随工程不同而不能通用的部分，需要建筑师自己绘制，部分也可以参考标准图集，如图 11-19 所示。

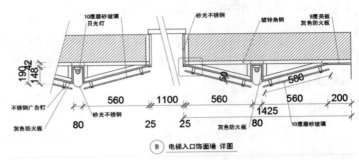

图 11-19　电梯入口墙面节点详图

2. 配件和设施详图

　　配件和设施详图是指门、窗、幕墙、栏杆、扶手、浴厕设施、固定的台、柜、架、桌、椅、牌、池、箱等的用料、形式、尺寸和构造（活动设备不属于建筑设计范围）。门窗、幕墙由专业厂家负责进一步设计、制作和安装，建筑师只提供分格形式和开启方式的立面图、尺寸、材料和性能要求。

3. 装饰详图

　　一些重大、高档民用建筑，其建筑物的内外表面、空间，还需要做进一步的装饰、装修和艺术处理；如不同功能的室内墙、地面、顶棚的装饰设计，需绘制大量装饰详图。外立面上的线脚、柱式、壁饰等，也要绘制详图才能制作施工。这类设计多由专业的设计公司负责出图。但建筑设计师应对装修设计的标准、风格、色调、质感、尺度等方面提出指导性的建议和注意事项，并要主动配合协作。有条件的可以争取继续承担二次装修设计，以确保建筑的完整、协调和品质。

11.2.3　绘制地漏防水节点详图

　　下面将以绘制卫生间地漏防水大样图为例，来向用户介绍建筑节点大样图的绘制步骤。

Step 01　新建一空白文件，执行"图层特性"命令，新建"墙"和"标注"图层，并设置好其图层参数，如图 11-20 所示。

Step 02　将 0 图层置为当前。执行"直线"等命令，绘制地漏篦子图形，如图 11-21 所示。

Step 03　执行"直线""偏移""修剪""镜像"等命令，继续绘制地漏篦子图形，如图 11-22 所示。

Step 04　执行"直线""偏移""倒圆角""镜像""修剪"等命令，绘制存水弯图形，如图 11-23 所示。

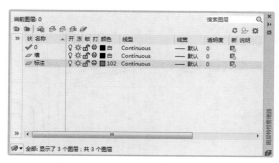

图 11-20　新建图层

图 11-21　绘制地漏篦子图形

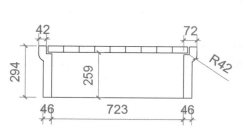

图 11-22　继续绘制地漏篦子图形

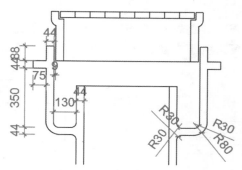

图 11-23　绘制存水弯图形

Step 05 继续执行"直线""偏移""倒圆角""镜像"等命令，完善存水弯图形的绘制，如图 11-24 所示。

Step 06 将"墙"图层置为当前。执行"直线"等命令，绘制地漏墙体图形，如图 11-25 所示。

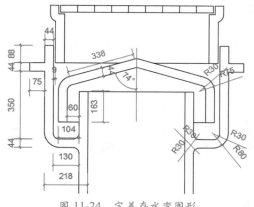

图 11-24　完善存水弯图形

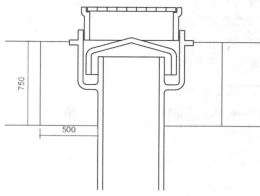

图 11-25　绘制地漏墙体图形

Step 07 将 0 图层置为当前。执行"直线"命令，绘制一条辅助线并将其向上旋转 14°，如图 11-26 所示。

Step 08 继续绘制直线，然后执行"偏移"命令，将绘制好的直线向上依次偏移 15mm 和 32mm，并将偏移的线段进行修剪，选择最上面的偏移线段，将其放入墙体层中，如图 11-27 所示。

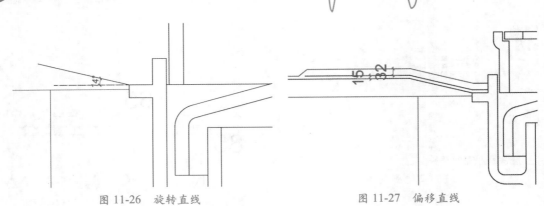

图 11-26　旋转直线　　　　　　　　　　图 11-27　偏移直线

Step 09 ▶ 继续执行"直线""旋转"和"圆角"等命令，完成地面的绘制，如图 11-28 所示。

Step 10 ▶ 执行"直线"和"镜像"等命令，完成地砖和其余线条的绘制，如图 11-29 所示。

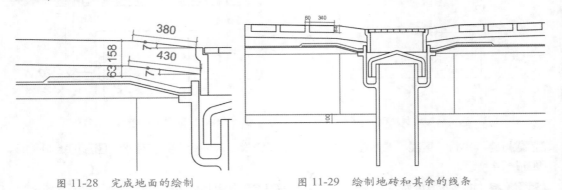

图 11-28　完成地面的绘制　　　　　　　图 11-29　绘制地砖和其余的线条

Step 11 ▶ 执行"直线"命令，绘制地漏周围的密封油膏。执行"图案填充"命令，选择 SOLTD 图案，对密封油膏进行填充操作，如图 11-30 所示。

Step 12 ▶ 执行"图案填充"命令，选择 AR-SAND 图案，对地面图形进行填充操作，效果如图 11-31 所示。

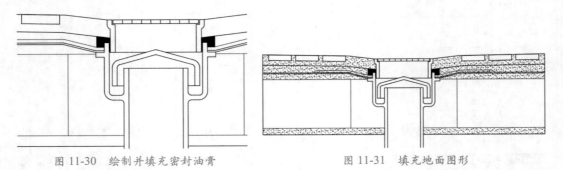

图 11-30　绘制并填充密封油膏　　　　　图 11-31　填充地面图形

Step 13 ▶ 继续执行"图案填充"命令，选择 ANSI33、AR-CONC 和 ANSI31 图案，填充地漏及楼板层，如图 11-32 所示。

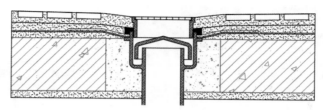

图 11-32　填充地漏和楼板层

Step 14 将"标注"图层置为当前。执行"引线"命令，为地漏大样图添加做法标注，如图 11-33 所示。

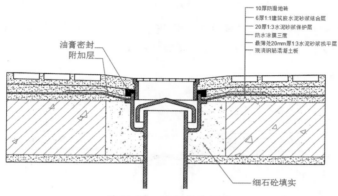

图 11-33　添加做法标注

Step 15 执行"多段线"和"单行文字"命令，标注地面坡度，如图 11-34 所示。

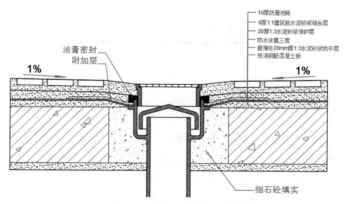

图 11-34　添加地面坡度注释

Step 16 执行"格式"|"标注样式"命令，打开"标注样式管理器"对话框，在此新建"大样"标注样式，并将其文字高度设为 80，箭头样式设为"建筑样式"，箭头大小设为 20，主单位精度设为 0；在"线"选项卡中，将"超出尺寸线"设为 30，并选中"固定长度的尺寸界线"复选框，将其值设为 60，其他为默认，预览效果如图 11-35 所示。

Step 17 执行"线性"和"连续"命令，标注其大样图尺寸，完成后双击其中下水管尺寸参数，将其更改为 D，如图 11-36 所示。

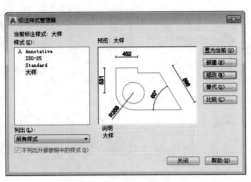

图 11-35　新建标注样式

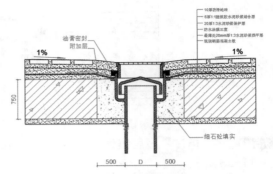

图 11-36　对大样图进行尺寸标注

Step 18 将 0 图层设为当前。执行"多段线"和"多行文字"等命令，为该大样图添加图名及比例，如图 11-37 所示。至此地漏防水节点详图绘制完成。

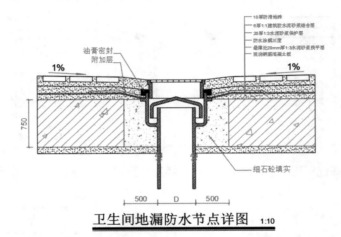

卫生间地漏防水节点详图　　1:10

图 11-37　完成地漏防水节点详图的绘制

11.2.4　绘制建筑外墙身详图

以上介绍的是建筑内部区域的节点详图，下面将介绍建筑外墙身详图的绘制操作。在绘制的时候，需要结合平面图、立面图以及标准图集来进行绘制。

Step 01 复制"别墅正立面图"，删除多余的图形，例如标注、文字注释等。执行"多段线"命令，绘制详图索引符号的引线，多段线的线宽为 0，如图 11-38 所示。

Step 02 执行"圆"命令，以多段线右端点为圆心，绘制半径为 500 的圆，并将其移动至合适位置，如图 11-39 所示。

Step 03 执行"多行文字"命令，输入"墙身一"注释文本，设置文字高度为 300，并放置在合适位置，如图 11-40 所示。

Step 04 执行"单行文字"命令，其高度同样为 300，添加详图编号。执行"多段线"命令，在编号下方绘制横线，如图 11-41 所示。

图 11-38　绘制多段线

图 11-39　绘制索引符号

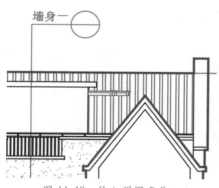

图 11-40　输入详图名称

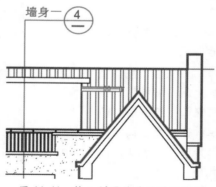

图 11-41　输入详图编号及图纸页码

Step 05 执行"图层特性"命令，新建"保温层""一般线"和"填充"图层，并设置相应的图层参数，如图 11-42 所示。

Step 06 将 0 图层置为当前。执行"多段线"命令，绘制折断线，如图 11-43 所示。

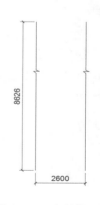

图 11-42　新建图层

图 11-43　绘制折断线

Step 07 将"轴线"图层设置为当前层。执行"直线"命令，绘制轴线，并编号为 A，如图 11-44 所示。

Step 08 执行"直线"和"偏移"等命令，继续绘制其他轴线，如图 11-45 所示。

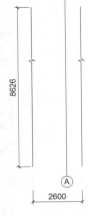

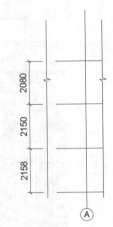

图 11-44　绘制轴线　　　图 11-45　绘制其他轴线

Step 09 将"墙体"图层置为当前。执行"偏移"和"直线"命令，绘制墙体，如图 11-46 所示。

Step 10 将"一般线"图层置为当前。执行"偏移""倒圆角""修剪"等命令，偏移出各层构造厚度，再执行"多段线"命令，绘制剖切线，效果如图 11-47 所示。

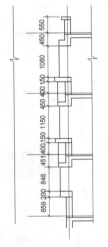

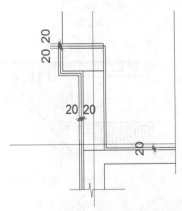

图 11-46　绘制墙体　　　图 11-47　绘制构造厚度

Step 11 继续完成其余构造厚度的绘制，如图 11-48 所示。

Step 12 新建"窗"图层并置为当前。执行"直线""偏移"等命令，绘制窗框图形，如图 11-49 所示。

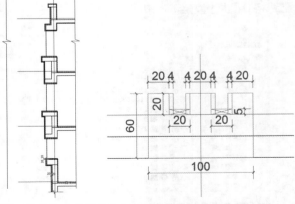

图 11-48　完成构造厚度的绘制　图 11-49　绘制窗框图形

Step 13 将绘制好的窗框图形移动至墙身合适位置，并执行"复制"和"旋转"命令，绘制其余楼层的窗框图形，如图 11-50 所示。

Step 14 执行"直线""复制"命令，绘制窗户图形，如图 11-51 所示。

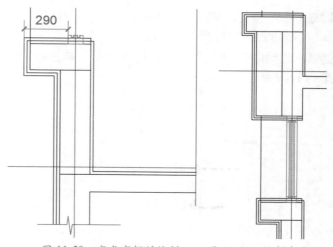

图 11-50 完成窗框的绘制　图 11-51 绘制窗户图形

Step 15 将"一般线"图层置为当前。执行"直线""偏移""修剪"等命令，绘制预埋件图形，如图 11-52 所示。

Step 16 执行"多段线"等命令，设置多线段宽度为 10，长度为 80mm，完成预埋件图形的绘制，如图 11-53 所示。

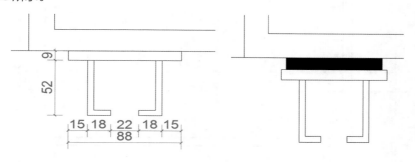

图 11-52 绘制预埋件图形　　　图 11-53 完成预埋件的绘制

Step 17 将"栏杆"图层置为当前。执行"直线"等命令，绘制栏杆图形，如图 11-54 所示。

Step 18 按照上述方法绘制预埋件和栏杆图形，效果如图 11-55 所示。

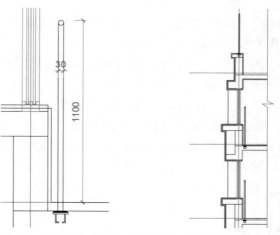

图 11-54 绘制栏杆图形　图 11-55 完成预埋件和栏杆的绘制

Step 19 将"一般线"图层置为当前。执行"多段线"和"移动"等命令,设置多段线宽度为6,完成水泥钉的绘制,如图 11-56 所示。

Step 20 继续执行"直线"和"偏移"等命令,向上偏移 20、27、12,绘制防水层的辅助线,如图 11-57 所示。

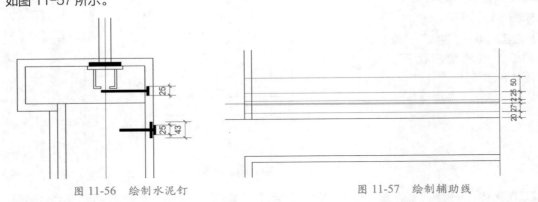

图 11-56   绘制水泥钉   图 11-57   绘制辅助线

Step 21 选中上面三条辅助线,执行"旋转"命令,将旋转角度设为1,以满足屋面横向找坡2%的要求,继续根据命令行提示,完成旋转操作,如图 11-58 所示。

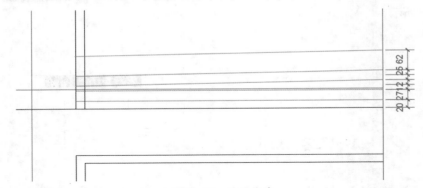

图 11-58   屋面找坡

Step 22 执行"延伸"命令,对齐于右边直线,然后执行"多段线"命令,设置多线段宽度为6,绘制沥青防水层,如图 11-59 所示。

Step 23 执行"圆角"等命令,分别设置圆角半径为 50mm、80mm,完成防水层的绘制,并更改其颜色特性,效果如图 11-60 所示。

Step 24 将"填充"图层置为当前。执行"图案填充"命令,将图案选择 HONEY,将填充比例设置 2,填充保温板图形,如图 11-61 所示。

Step 25 继续执行"图案填充"命令,将图案选择 ANSI31,将填充比例设为 20,填充砖墙图形,如图 11-62 所示。

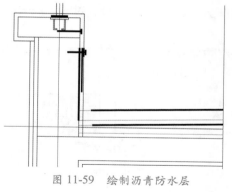

图 11-59　绘制沥青防水层

图 11-60　完成防水层的绘制

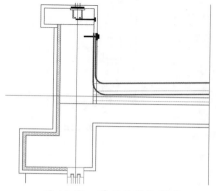

图 11-61　填充保温板图形

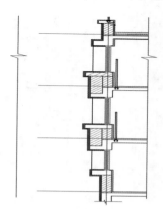

图 11-62　填充砖墙图形

Step 26　将"标注"图层置为当前。执行"线性"等命令，标注女儿墙、泛水等尺寸，如图 11-63 所示。

Step 27　执行"矩形"和"多行文字"等命令，绘制标高符号。执行"复制"等命令，复制标高图形，将其放置在合适位置，并更改相应的标高数字，如图 11-64 所示。

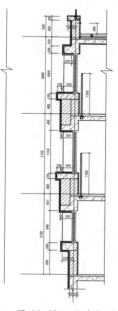

图 11-63　尺寸标注

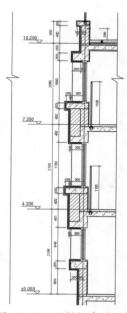

图 11-64　绘制标高符号

Step 28 将"文字"图层置为当前。在命令行中输入 QL 快速引线命令，对墙体进行文字注释。设置文字高度为 60，如图 11-65 所示。

Step 29 执行"多行文字"和"多段线"等命令，设置文字高度为 150，多段线宽度为 30，绘制图名。至此，别墅外墙身详图绘制完毕，最终效果如图 11-66 所示。

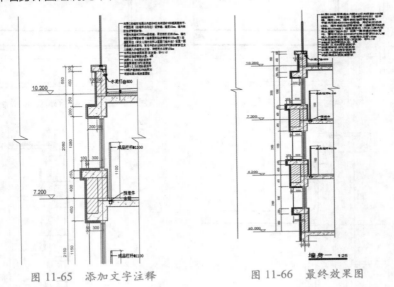

图 11-65 添加文字注释   图 11-66 最终效果图

第**12**章

商场户型图的绘制

内容导读

在第 1 章已经向读者简单介绍了天正建筑软件，它是建筑设计师必备软件之一，是一款非常实用、智能的绘图软件。设计师只需输入相应的数据参数，就能够轻松地绘制出一些简单的建筑构件。本章将以绘制商厦一层平面图为例，来向读者具体介绍天正 T20 软件的应用。

学习目标

▲ 了解天正建筑 T20 软件功能　　　▲ 掌握平面图的尺寸标注方法

▲ 熟悉安装天正建筑 T20 软件　　　▲ 掌握门窗说明表的创建

▲ 掌握商场一层平面图的绘制

12.1　了解天正建筑 T20 软件

天正建筑是天正公司专门为建筑设计师研发的一款智能绘图软件。正因为它比较符合我国建筑设计师的绘图习惯，同时具有较高的自动化制图程序，所以在建筑设计行业中使用相当广泛。下面将以天正建筑 T20 版本为例，来对该软件进行简单介绍。

12.1.1　天正建筑 T20 软件功能概述

对于建筑专业的人员来说，利用天正建筑软件中的各项绘图工具，可以轻松地绘制出所需的施工图纸。

1. 快速生成构件模块

利用天正建筑软件中的一些构件模块,例如墙体、门窗、房间屋顶、楼梯、建筑立面、剖面等,就能够轻松地生成一些复杂的建筑构件图形。无需用户一步步的手动绘制,如图 12-1 和图 12-2 所示。

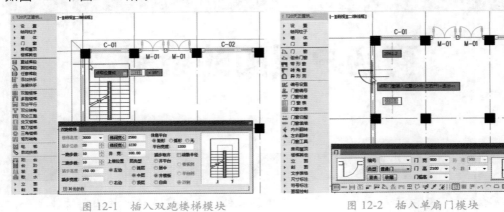

图 12-1　插入双跑楼梯模块　　　　图 12-2　插入单扇门模块

2. 方便的动态输入菜单系统

在绘制过程中,如需确定图形位置或方向,此时系统将在光标处显示相应的动态输入菜单,用户可在该菜单中直接输入数据即可,如图 12-3 所示。选中所需图形,单击鼠标右键,在打开的快捷菜单中,用户可对该图形进行编辑操作,如图 12-4 所示。

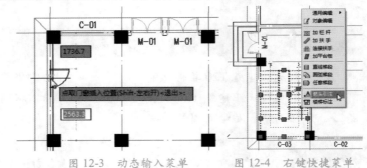

图 12-3　动态输入菜单　　　　图 12-4　右键快捷菜单

3. 强大的状态栏功能

状态栏的比例控件可设置当前比例和修改对象比例,提供了编组、墙基线显示、加粗、填充和动态标注(对标高和坐标有效)控制。

4. 智能化的文字表格功能

天正的自定义文字对象可方便地书写和修改中西文混排文字,方便输入各种特殊文本,如图 12-5 所示。文字对象可分别调整中西文字体各自的宽高比例,修正 AutoCAD 所使用的两类字体(*.shx 与 *.ttf)中英文实际字高不等的问题,使中西文字混合标注符合国家制图标准的要求,如图 12-6 所示。

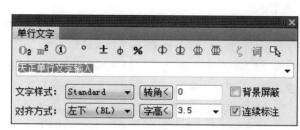

图 12-5　天正单行文字输入

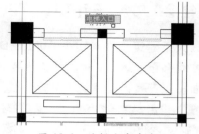

图 12-6　编辑文字内容

5. 具有强大的图库管理系统和图块功能

天正图库系统采用图库组 TKW 文件格式，同时管理多个图库，通过分类明晰的树状目录使整个图库结构一目了然，如图 12-7 所示。其中类别区、名称区和图块预览区之间可随意调整最佳可视大小及相对位置，在"图块编辑"面板中设置自定义尺寸或输入比例，如图 12-8 所示。图块支持拖曳排序、批量改名、新入库自动以"图块长 * 图块宽"的格式命名等功能，最大程度地方便用户。

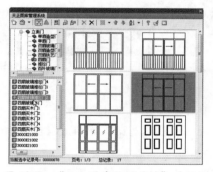

图 12-7　"天正图库管理系统"对话框

图 12-8　"图块编辑"面板

在天正软件的图案图库中，可以直接使用其图案进行填充，最大程度地提高绘图的效率和准确度，如图 12-9 所示。

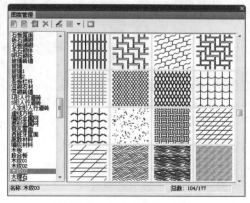

图 12-9　"图案管理"面板

12.1.2 安装天正建筑 T20 软件

天正建筑软件其实是 AutoCAD 的一款小插件，它必须是在 AutoCAD 软件的基础上才能够正常运行。也就是说想要安装天正软件，就必须先安装好 AutoCAD 软件才行。下面将以安装天正建筑 T20 软件试用版为例，来向用户介绍天正建筑软件的安装方法。

Step 01 选择安装压缩包并进行解压操作。双击解压后的安装程序，随即进入许可协议界面，选中"我接受许可证协议中的条款"单选按钮，并单击"下一步"按钮，如图 12-10 所示。

Step 02 进入"选择功能"界面，在这里选择软件的安装路径，设置好后单击"下一步"按钮，如图 12-11 所示。

图 12-10　接受条款　　　　　　　　　　图 12-11　设置安装路径

Step 03 进入"选择程序文件夹"界面，这里选择默认，单击"下一步"按钮，如图 12-12 所示。

Step 04 系统开始安装软件，并在"安装状态"界面中显示正在执行的安装操作以及其进度条，如图 12-13 所示。

图 12-12　选择程序文件夹界面　　　　　　图 12-13　显示安装状态

Step 05 安装完成后，系统提示安装完成，单击"完成"按钮，如图 12-14 所示。

Step 06 启动天正建筑软件，在"平台选择"对话框中选择相应的 AutoCAD 版本，并单击"确定"按钮，随后进入天正建筑软件界面，如图 12-15 所示。

图 12-14 完成安装

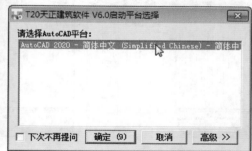
图 12-15 选择 CAD 平台

注意事项

　　该版本是官方试用版本，用户可以到天正官网中去下载安装。试用版本则有 300 小时免费使用时间。试用结束后建议用户购买正版软件使用。在选择天正版本时，需根据 AutoCAD 版本所支持的版本号。目前，AutoCAD 2020 软件所支持的天正版为天正建筑 T20。

12.2　绘制商场首层户型图

　　天正软件安装好后，下面将结合实际案例对天正软件的相关操作进行介绍。本实例为绘制某商场一层平面图。在绘制过程中主要应用到的命令有：轴网、门窗、台阶、电梯、散水等。

12.2.1　绘制墙体及门窗

　　在天正建筑软件中，绘制墙体前需要定位好轴网的位置，这样可快速生成墙体。从绘制方法来说，要比 AutoCAD 中利用多线绘制墙线的方法便捷的多。

Step 01 启动天正建筑 T20 软件，在左侧工具栏中展开"轴网柱子"选项组，执行"绘制轴网"命令▦，在"绘制轴网"面板中选中"上开"单选按钮，并在"间距"列表中输入各轴线的尺寸数，如图 12-16 所示。

Step 02 选中"下开"单选按钮，在"间距"列表中输入相关尺寸值，如图 12-17 所示。

Step 03 选中"左进"单选按钮，在"间距"列表中输入相关尺寸值，如图 12-18 所示。

Step 04 选中"右进"单选按钮，在"间距"列表中输入相关尺寸值，如图 12-19 所示。

Step 05 输入完成后，在绘图区中指定轴网插入点，按 Esc 键完成轴网的绘制操作，如图 12-20 所示。

图 12-16　输入上开值

图 12-17　输入下开值

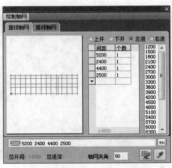
图 12-18　输入左进值

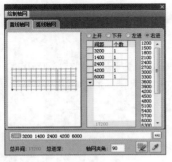
图 12-19　输入右进值

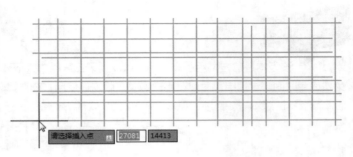
图 12-20　指定轴网插入点

注意事项

　　"绘制轴网"面板中的"上开、下开、左进、右进"选项分别指的是图纸上、下、左、右 4 个尺寸值。需要注意的是，上开和下开输入顺序是从左往右，而左进和右进值的输入顺序是从下往上输入，这一点新手一定要记住。

Step 06 在工具栏中展开"墙体"选项组，执行"绘制墙体"命令 ▤，打开"墙体"设置面板，设置好墙体的参数，这里为默认 240 墙。然后沿着绘制好的轴线，绘制外墙体，如图 12-21 所示。

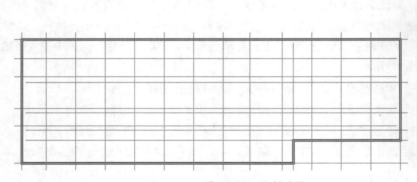
图 12-21　绘制外墙

Step 07 按照同样的方法绘制内墙，效果如图 12-22 所示。

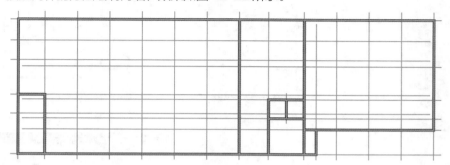

图 12-22　绘制内墙

Step 08 在工具栏中展开"轴网柱子"选项组，执行"标准柱"命令 ⊕，打开"标准柱"设置面板，设置柱子的相关参数，如图 12-23 所示。

Step 09 设置好后捕捉轴线的交点，绘制标准柱，如图 12-24 所示。

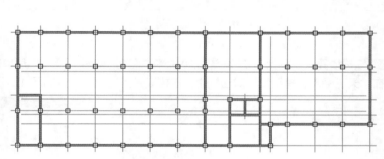

图 12-23　设置标准柱值　　　　　　　图 12-24　添加标准柱

Step 10 在"轴网柱子"选项组中执行"柱齐墙边"命令 ⬛，根据命令行提示，将最外侧的标准柱与墙对齐，如图 12-25 所示。

命令行提示如下：

```
命令：TAlignColu
请点取墙边 < 退出 >：　　　（选择要对齐的外墙边线）
选择对齐方式相同的多个柱子 < 退出 >：找到 1 个，总计 4 个　（选择该墙线上要对齐的所有墙柱）
选择对齐方式相同的多个柱子 < 退出 >：　　　（按回车键）
请点取柱边 < 退出 >：　　　（选择要对齐的柱子边线）
请点取墙边 < 退出 >：＊取消＊
```

Step 11 按照同样的对齐方法对齐所有外墙柱，如图 12-26 所示。

Step 12 在工具栏中展开"门窗"选项组，执行"门窗"命令，在"门"面板中单击左侧门示意图，打开"天正图库管理系统"对话框，在此选择双扇平开门图块，如图 12-27 所示。

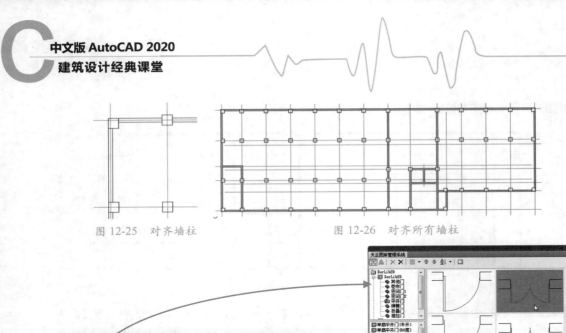

图 12-25 对齐墙柱　　　　　　图 12-26 对齐所有墙柱

（a）"门"面板　　　　　　（b）"天正图库管理系统"对话框

图 12-27 选择平面门图块

Step 13 双击该图块返回到"门"设置面板中，将"门宽"设为 1500，然后单击右侧门立面示意图，同样在"天正图库管理系统"对话框中，选择双开门立面图块，如图 12-28 所示。

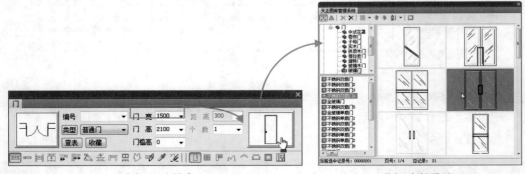

（a）设置门宽　　　　　　（b）选择图块

图 12-28 选择立面门图块

Step 14 设置完成后，指定插入点即可插入该门图块。用户可以连续插入多个相同的门图块，直到按回车键结束插入操作，如图 12-29 所示。

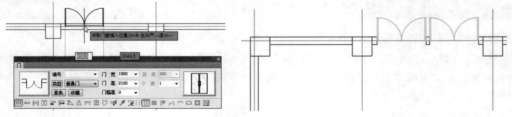

图 12-29 插入门图块

Step 15 按照同样的方法插入其他门图块，完成所有门的绘制，如图 12-30 所示。

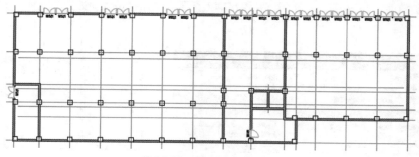

图 12-30　插入其他门图块

知识点拨

在"门"设置面板中单击"编号"下拉按钮，选择"自动编号"选项，可为当前门图形添加相应的编号。

Step 16 再次打开"门"设置面板，单击右下角"插窗"按钮 ，打开"窗"设置面板，用设置门图块的方法设置窗图块，然后将设置好的窗图块插入至外墙中，效果如图 12-31 所示。

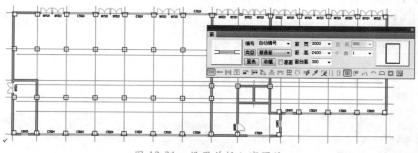

图 12-31　设置并插入窗图块

Step 17 在工具栏中展开"楼梯其他"选项组，执行"双跑楼梯"命令 ，在打开的面板中对楼梯参数进行设置，如图 12-32 所示。

Step 18 设置完成后，将楼梯图块放入平面图左侧合适位置，如图 12-33 所示。

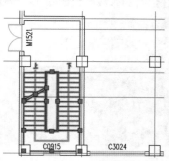

图 12-32　设置楼梯参数　　　　图 12-33　插入楼梯图块

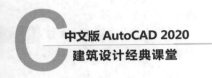
Step 19 在"楼梯其他"选项组中执行"直线梯段"命令▤，在打开的"直线梯段"面板中设置好相关的参数值，如图 12-34 所示，并将其插入至平面图所需位置，效果如图 12-35 所示。

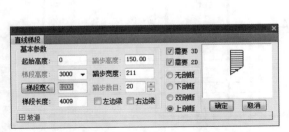

图 12-34　设置直线梯段参数　　　　　　图 12-35　插入直线楼梯

Step 20 在"楼梯其他"选项组中执行"电梯"命令▣，在打开的"电梯参数"面板中设置好相关的参数值，如图 12-36 所示，并根据命令行中的提示，将电梯图块插入至平面图中，效果如图 12-37 所示。

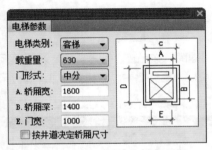
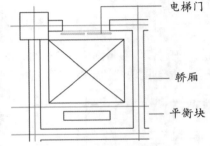

图 12-36　设置电梯参数　　　　　　图 12-37　插入电梯图块

命令行提示如下：

```
命令：TElevator
请给出电梯间的一个角点或 [参考点(R)]<退出>：（指定电梯间两个对角点）
再给出上一角点的对角点：
请点取开电梯门的墙线<退出>：（指定电梯门墙线）
请点取平衡块的所在的一侧<退出>：（指定平衡块所在位置）
```

Step 21 同样在"楼梯其他"选项组中，执行"台阶"命令▤，打开"台阶"设置面板，从中设置好台阶的参数值，如图 12-38 所示。根据命令行中的提示信息，将台阶插入至商场入口处，如图 12-39 所示。

命令行提示如下：

```
命令：TStep
指定第一点或 [中心定位(C)/门窗对中(D)]<退出>：（指定台阶起点）
第二点或 [翻转到另一侧(F)]<取消>：F （选择"翻转"选项）
第二点或 [翻转到另一侧(F)]<取消>：（指定台阶终点，按回车键）
指定第一点或 [中心定位(C)/门窗对中(D)]<退出>：
```

图 12-38　设置台阶参数

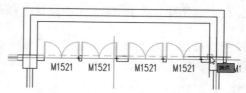

图 12-39　绘制入口台阶

Step 22 在"楼梯其他"选项组中，执行"散水"命令 🖳，打开"散水"面板，从中设置散水的参数，这里为默认值，如图 12-40 所示。框选平面图所有图形，稍等片刻系统会自动搜索到外墙体，并添加散水图形，如图 12-41 所示。

图 12-40　设置散水参数

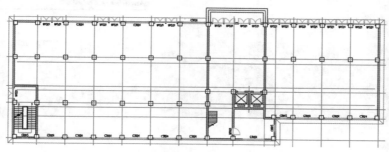

图 12-41　绘制散水图形

Step 23 执行"图案填充"命令，填充所有墙柱。至此完成商场首层墙体图形的绘制，如图 12-42 所示。

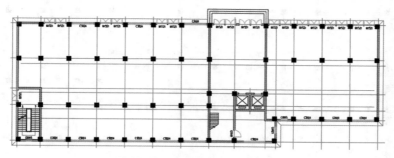

图 12-42　首层墙体图形效果图

💡 **知识点拨**

　　在天正建筑软件中，完全可以使用 AutoCAD 软件中的一些绘图或编辑命令进行绘图，两者之间互不干扰。

12.2.2　为商场户型图添加尺寸标注

商场首层户型图绘制完成后，下面可以根据绘制的轴网来添加相关的尺寸标注及轴号。具体绘制方法如下。

Step 01 在工具栏中展开"轴网柱子"选项组，执行"轴网标注"命令 🔩，在"轴网标注"设置面板中将"输入起始轴号"设为 1，如图 12-43 所示。

Step 02 根据命令行提示，捕捉第 1 个起始轴线和最后 1 个终止轴线，然后选择不需要标注的轴线，即可完成平面图上、下两侧轴线及尺寸的标注操作，如图 12-44 所示。

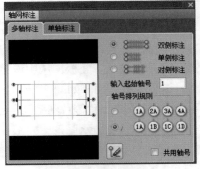

图 12-43　设置起始轴号

命令行提示如下：

```
命令：TMultAxisDim
请选择起始轴线 < 退出 >：      （选择起始轴线）
请选择终止轴线 < 退出 >：      （选择终止轴线）
请选择不需要标注的轴线：指定对角点：      （选择不需要标注的轴线）
请选择起始轴线 < 退出 >：      （按回车键完成操作）
```

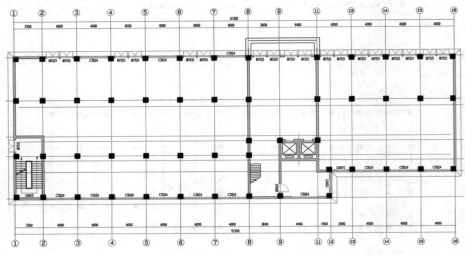

图 12-44　标注平面图上、下两侧轴号及尺寸

Step 03 按照上述方法，标注平面图左、右两侧的尺寸及轴号。将起始轴号设为 A，效果如图 12-45 所示。

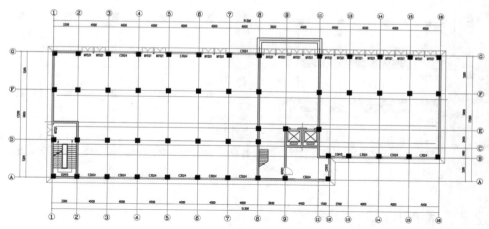

图 12-45　标注平面图左、右两侧轴号及尺寸

Step 04 在工具栏中展开"尺寸标注"选项组，执行"楼梯标注"命令🔲，选中要标注的楼梯，并指定好尺寸线位置，按回车键即可完成楼梯尺寸的标注，如图 12-46 所示。

Step 05 按照相同的方法，标注好单跑楼梯尺寸，如图 12-47 所示。

Step 06 执行"逐点标注"命令🔲，捕捉要标注的测量点即可进行标注操作。其方法与 AutoCAD 中"连续"标注的方法相同，如图 12-48 所示。

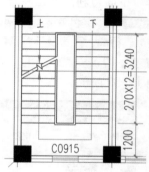

图 12-46　标注双跑楼梯

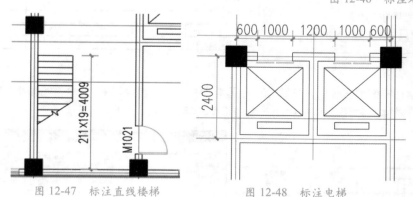

图 12-47　标注直线楼梯　　　　图 12-48　标注电梯

Step 07 在工具栏中展开"文字表格"选项组，执行"单行文字"命令，打开相应的设置面板，输入所需文字内容，并设置其字高，然后在绘图区中指定文字插入点，即可为平面图添加文字标注，如图 12-49 所示。

Step 08 双击添加的文字内容，当文字呈编辑状态时，可修改其内容，如图 12-50 所示。

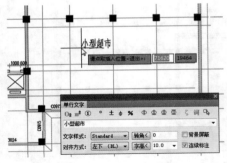

图 12-49　添加文字注释

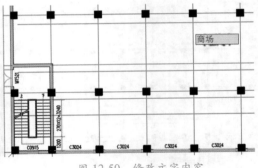

图 12-50　修改文字内容

12.2.3　添加门窗说明表

下面将利用天正建筑中的表格功能，来创建门窗说明表。具体操作方法如下。

Step 01 在"文字表格"选项组中执行"新建表格"命令 ，打开相应的设置面板，在此设置好行数、列数、行高、列宽及标题参数，如图 12-51 所示。

Step 02 设置完成后单击"确定"按钮，在绘图区中指定好表格插入点，即可插入新表格，如图 12-52 所示。

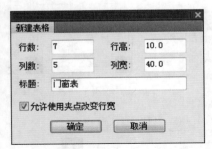

图 12-51　新建表格

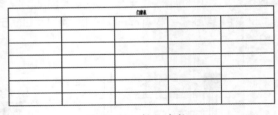

图 12-52　插入表格

Step 03 用鼠标右键单击表格，在弹出的快捷菜单中选择"全屏编辑"命令，如图 12-53 所示。在打开的"表格内容"设置面板中输入表格所有内容，如图 12-54 所示。

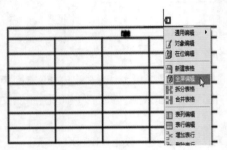

图 12-53　全屏编辑

图 12-54　输入表格内容

Step 04 输入完成后单击"确定"按钮。双击表格，打开"表格设定"对话框，切换到"标题"选项卡，在此对标题格式进行设置操作，如图 12-55 所示。

Step 05 切换到"文字参数"选项卡，并单击右侧"单元编辑"按钮，打开相应的设置面板，在绘图区中选择单元格即可对其格式进行设置，如图 12-56 所示。

图 12-55　设置标题格式

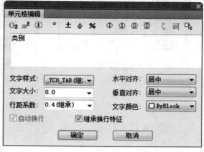

图 12-56　设置单元格格式

Step 06 按照同样的操作完成其他单元格的设置，如图 12-57 所示。

（a）设置其他文字格式

（b）设置单元格格式

图 12-57　设置其他单元格格式

📖 知识点拨

　　默认情况下，用户一次只能选择一个单元格，如果想同时选择多个单元格进行统一编辑，可在命令行中输入 M 命令，然后移动光标，此时当光标滑过的单元格都能够同时被选中。

Step 07 用鼠标右键单击表格，在弹出的快捷菜单中选择"删除表行"选项，并在表格中选择要删除的行，按回车键后被选中的单元行将被删除，如图 12-58 所示。

（a）选择"删除表行"命令

门窗表				
类别	编号	尺寸	选用标准图集	备注
铝合金窗	C3024	3000*2400	建施16	铝合金窗做法见98ZJ271
	C0915	900*1500		
玻璃门	M1521	1500*2100		
木门	M1021	1000*2100	88ZJ60	夹门板

（b）删除单元行

图 12-58　删除多余单元行

257

Step 08 同样用鼠标右键单击表格，在弹出的快捷菜单中选择"单元合并"命令，然后在表格中选择要合并的单元格，此时被选中的两个单元格将被合并，如图 12-59 所示。

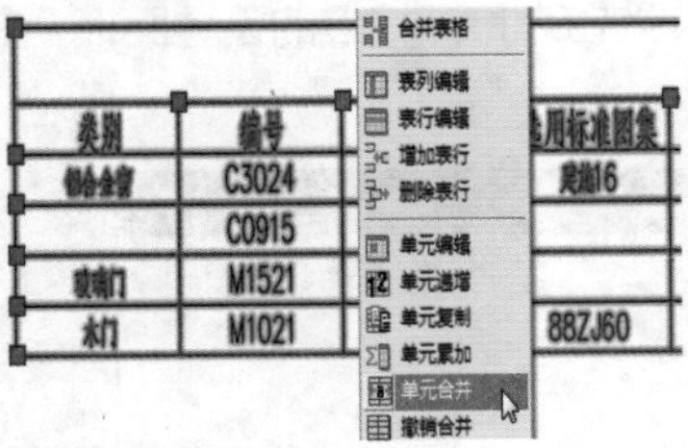

(a) 选择"单元合并"命令

门窗表				
类别	编号	尺寸	选用标准图集	备注
铝合金窗	C3024	3000*2400	建施16	铝合金窗做法见 98ZJ271
	C0915	900*1500		
玻璃门	M1521	1500*2100		
木门	M1021	1000*2100	88ZJ60	夹门板

(b) 合并结果

图 12-59　合并单元格

至此，商场首层户型图绘制完毕，保存好文件即可。